创饰技

首饰翻模与塑型之道

JEWELRY MAKING HANDBOOK

TURNOVER FORMWORK

TECHNIQUE AND MOULDING

谢白 编著

XIE BAI

清华大学出版社
北 京

图书在版编目（CIP）数据

创饰技：首饰翻模与塑型之道 / 谢白编著．—北京：清华大学出版社，2022.7

ISBN 978-7-302-53039-8

Ⅰ．①创… Ⅱ．①谢… Ⅲ．①首饰—制作 Ⅳ．① TS934.3

中国版本图书馆 CIP 数据核字 (2019) 第 094453 号

责任编辑：王佳爽

封面设计：谢 白 白金生

插图设计：谢 白

版式设计：方加青

责任校对：王荣静

责任印制：杨 艳

出版发行：清华大学出版社

网 址：http://www.tup.com.cn，http://www.wqbook.com

地 址：北京清华大学学研大厦 A 座 **邮 编：**100084

社 总 机：010-83470000 **邮 购：**010-62786544

投稿与读者服务：010-62776969，c-service@tup.tsinghua.edu.cn

质 量 反 馈：010-62772015，zhiliang@tup.tsinghua.edu.cn

印 装 者：小森印刷（北京）有限公司

经 销：全国新华书店

开 本：185mm×260mm **印 张：**8.25 **字 数：**140 千字

版 次：2022 年 8 月第 1 版 **印 次：**2022 年 8 月第 1 次印刷

定 价：59.80 元

产品编号：074963-01

寄　语

近年来“首饰艺术与设计”备受国人的关注与青睐，面对该领域格局多元、良莠混杂的势态，研究者、创造者对首饰的思考应当越发明晰。俗话说“根深才能叶茂”，无论时代如何变迁，设计师、艺术家做事的态度方法是否贴近事物本质，始终是决定事物品质高下的不二法门。良好的思辨力与精准的表现力，更是我们能够建立不同特质并与他人得以顺畅交流的通道。

滕菲
中央美术学院教授、博士生导师
中央美术学院首饰专业学术主任

自　　序

当代语境下的“创饰技”与“工匠精神”

从古至今，一枚小小的首饰中往往镌刻着人类文明、民族审美，以及思想意识的变迁。从原始时期图腾崇拜的兽牙海贝，到商周时期遵“礼”制度的玉饰，唐朝团花盛放的卷草纹金饰，至宋代雅致温和的鲜花头饰，以及明清时期金银累丝的非凡工艺……首饰从造型、材质及佩戴方式无不体现出各个朝代经济文化的发展风貌。首饰“以小见大”的艺术形式也寄托了佩戴者对其功能性的需求，既可以单纯地装饰外貌，也可以蕴含宗教崇拜或是成为财富与权力的象征。

当代社会文化具有平等、多元、包容、创新的特点，在这些特点影响下，首饰艺术的创作类型更加丰富，除了传统的商业用途，许多艺术家也将首饰作为媒介，融入个人的观点、情绪、思想、文化等，传达自己的艺术理念，突出首饰的观念性和实验性特征。材料运用方面，当代首饰创作不仅局限于传统的贵金属及宝玉石，很多廉价材料、有机材料以及仿制品、现成品、创新科技材质乃至AI虚拟设定都可成为首饰设计的灵感源泉。材料应服务于作品，能够恰当呈现创作理念的材料才是最佳选择。同样，大众对首饰的需求和理解也更加个性化、私人化。现今，传统商业类首饰已不能完全满足人们需求，其他类型的首饰逐渐进入大众视野，如定制类首饰、实验艺术首饰、交互首饰、虚拟首饰等。所以，当代首饰的发展，不论从款式、材质、佩戴方式及功能性等方面，都有较大突破而且更加包容。

2016年夏，当我接到清华大学出版社约稿的时候，脑海中顷刻闪现出“创饰技”三个字，最终也成为这套首饰艺术与教育丛书的总称。“创”代表了创造、创作、创新，“饰”代表了首饰、装饰、修饰，“技”代表了技术、技艺、技巧，“以创造的情怀学习首饰的文化与技术，以创作的灵动展现首饰的哲思与技艺，以创新的思想探索首饰的技巧与未来，以‘工匠精神’敬业、精益、专注、创新等思想为本，心手合一感受首饰艺术的魅力”。“创饰技”系列丛书将毫无保留地为大家呈现我自2009年至今13年来积累下的关于首饰文化、历史、制作工艺等多方面的研究精华，希望更多的读者能够关注首饰、了解首饰、创作首饰。

丛书共四本，分别为《创饰技　串回Vintage的时光》《创饰技　金属首饰的制作奥秘》《创饰技　首饰翻模与塑型之道》《创饰技　创新首饰与综合材料》，内容涵盖了首饰的概念、历史、设计、材料、工艺、技术等多方面的知识与案例，层层递进地为大众全面展现了首饰的文化历史、基础知识、工艺技法、人文思想等。

其中《创饰技　串回Vintage的时光》是一本讲述Vintage古董首饰历史以及复古风格首饰设计制作的书籍。第一章，通过对Vintage艺术文化介绍、古董首饰赏析，将读者引入典雅怀旧的美丽时光；第二章，详细介绍复古风格首饰设计制作所需的材料、工具以及使用方法；第三章，通过丰富有趣的复古首饰制作案例，将首饰的审美定位、设计思路、工艺步骤进行详细讲授和示范，读者可依据示范技法进行操作实践；第四章，展示多种复古意境风格的首饰作品，开拓设计思路；第五章，讲述Vintage饰物的收藏指南、首饰保养事项等。

第二本书为《创饰技　金属首饰的制作奥秘》，是一本关于金属首饰设计与工艺制作的科普类手工艺术教程。第一章，讲述首饰家族常用金属的物理、化学性质；第二章，带领读者认识金属首饰制作所需的各种工具；第三章，详细讲解金属制作基础工艺并进行操作示范；第四章，通过趣味首饰制作案例，为大家示范多种金属表面工艺处理技法；第五章，对金属工艺制作的安全健康操作事项进行讲述。

第三本书为《创饰技　首饰翻模与塑型之道》，是一本关于首饰起版、模具制作、浇铸成型、3D 建模等工艺的制作类教程。第一章，详细讲解首饰常用的成型浇铸工艺，并分类进行铸造流程示范；第二章，对首饰蜡模塑型工艺进行全面解析，并介绍各类首饰用蜡的特性，同时对传统蜡雕、蜡水成型、软蜡塑型、3D 成型等工艺进行制作示范；第三章，介绍首饰模具制作工艺，选取橡胶、硅胶模具制作工艺进行操作示范。

最后一本书为《创饰技　创新首饰与综合材料》，是关于当代首饰艺术认知、赏析以及运用综合材料进行首饰制作的书籍。第一章，讲述首饰从古至今概念的演变，综合材料在当代首饰艺术中的运用方式、艺术风格，以及中国当代首饰艺术作品赏析；第二章，详细介绍综合材料首饰制作运用的工具、材料等；第三章，选取硅胶、树脂、软陶、木材等综合材料进行首饰设计制作的工艺示范。

以上是“创饰技”每本书的精华介绍，丛书图文并茂，读者通过阅读可了解首饰文化的历史发展以及概念与类别等基础知识，欣赏 Vintage 古董首饰的魅力，掌握金属工艺首饰的制作流程以及塑型、翻模等工艺的基础技法，探索更多非传统的综合材料，学习综合材料首饰的制作方法，增强手工技巧，提高对首饰艺术的审美认知，更加深刻地理解首饰艺术与设计的思想内核，最终创作出属于自己风格的首饰。自己创造的首饰，可以无关品牌效应、摒弃材料价值、隐匿财富地位，蕴含更多自我的情感寄托和思想观念。同时，个人手工制作独一无二的表现力，也会增强作品的专属感，或许是最佳的艺术呈现手法。

在中国传统文化中，工匠是对手工艺人的称呼，工匠们通常从小学徒，以其毕生精力献身于各自的工艺领域，为中华文明留下灿烂的篇章。工匠们按照技艺分为“九佬十八匠”，其中十八匠按其顺次有口诀为“金银铜铁锡，岩木雕瓦漆，篾伞染解皮，剃头弹花晶”，排在前五位的便是制作各类金属的工匠，其中金匠、银匠指的就是制作金银器皿、首饰及其他制品的手艺人。

技术工艺的发展体现着人类的文明状态，反映了当时的科技水平。首饰的演变与科技的发展同样有着密不可分的关系，是当时科学技术、生活方式、文化艺术、精神诉求相结合的典范。在古代，科技的进步推动了矿石开采、冶金锻造、硬物切割、铸造翻模、宝石镶嵌等工艺的发展，首饰制作逐渐得到更多的技术支持。科技发展同时也推动了社会文明的进步，人们对物品的需求从单纯的实用性能逐渐叠加了装饰性、情感寄托功能等。在新石器时代，人类采用当时先进的打磨、雕刻工艺制作用于固定头发的石笄、骨笄等，以现在的审美来看，大部分发笄仅具备实用性能；到了唐、宋、明、清等时期，随着科技的发展与文明的进步，人们对于首饰的需求更加复杂化，在满足实用性能的同时，还需要制作工艺精致、装饰效果美丽。在精神诉求方面，首饰逐渐承载了礼仪、身份、财富、美好祝福等人文礼思，如宋朝宫廷有“簪花”“谢花”“赐花”等礼仪，材质名贵的首饰也是古人身份、地位、财富的象征，“长命锁”类的首饰承载着父母对孩子健康成长的美好祝福等，反映了当时社会人们的生活需求与情感状态。

随着工业革命的进程，现代工艺从手工艺发展到机械技术工艺，人工智能、计算机、新能源、材料学、医学等在近几十年内得到迅猛发展，如今智能技术工艺时代已然开启。科技的全面革新颠覆了人类固有的生活状态，新的改变伴随着新的需求，人们的审美情趣、精神诉求、生活方式必然会发生巨大的变化。在这样的时代背景下，未来大众对物品的选择也会趋向智能化。科技的大幅度前进同样会影响首饰发展的动向，未来首饰在形态、性能、佩戴方式与观念表达等多方面都会因此发生革命性的改变，如外观形态将会更贴近佩戴者的需求，佩戴方式与范围更加多样多变，人文关怀与精神诉求也会更为精细化与私人化。运用科学技术帮助人类解决问题，开展智能首饰的研究，也是首饰学科、行业发展的趋向。然而，不管是对传统技艺的传承推广还是对未来科技的探索发展，势必需要教师、学生以及广大从业者们励精图治，以精益求精的状态、持之以恒的信念、勇于创新的精神，怀揣“大国工匠”的广阔心境为首饰学科、行业的发展积极奉献力量。

“创饰技”系列丛书从约稿至今，已经历了 6 个春夏秋冬，从大纲的提炼到文字框架的搭建，从国内艺术家到国外设计师的层层对接，从制作流程的逐一拍摄到案例图片的精挑细修，从内页排版到封面、插图绘制，从初稿校对到终稿完成，每一个环节都秉承着修己以敬、精益求精、坚韧执着、突破创新的“工匠精神”完成。由于对书籍的高标准要求，本人投入了大量的时间与精力，6 年来几乎将所有的私人时间、寒暑假都用于书籍的撰写，长时间的操劳也导致本人患上腰疾，无法长久坐立，丛书约有一半内容是趴在床上完成的。同时，深深感谢为本套丛书编辑出版提供帮助的各位师长、艺术家、手工艺人们以及编辑出版团队的老师们，希望以匠心铸就的“创饰技”丛书能够使首饰专业的学生系统扎实地掌握首饰技法与知识，提高首饰爱好者的审美情趣与动手能力，使专业人士迸发新的灵感，向大众开启一扇通往首饰艺术世界的大门，成为具有专业品牌效应的优秀首饰艺术教育丛书。

谢白

2022 年 4 月于北京

目　　录

第 1 章

金属成型的前世今生

在生活中，从工业产品到生活日用品，金属制品处处可见。在艺术范畴内，大到城市雕塑，小到珠宝首饰，各类金属制品都发挥着自己独有的性能和特色。金属通过怎样的工艺制作流程才能拥有千变万化的造型呢？通过本书，我们一起探秘金属成型之道。

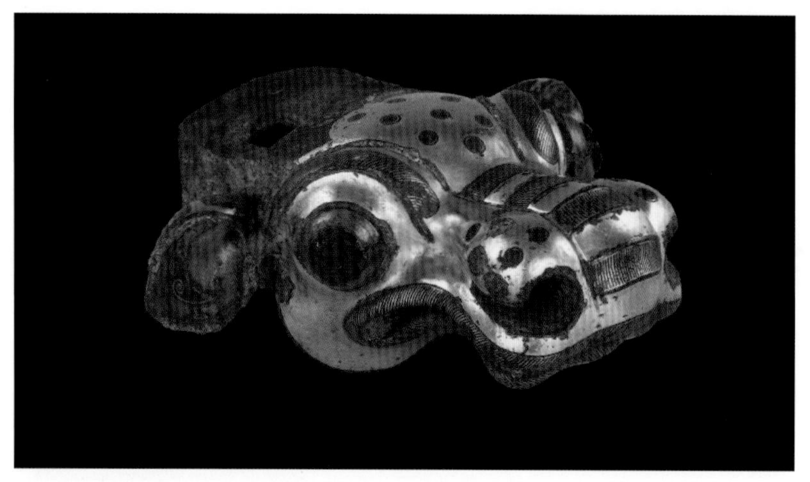

■ 〔东周〕鎏金银牛首车饰，长 17.5cm、宽 21.5cm

■ 提普苏丹的老虎头尖顶饰物，镶嵌钻石、红宝石、祖母绿，1790

商周时期，我国的青铜器皿制作技艺已达到了顶峰，考古出土了大量精美的青铜器，我们将这种器物成型的加工方式称为铸造。铸造工艺已有约 6000 年的历史，是人类较早掌握的一种金属制造工艺，且原理流传至今。

汉唐时期，丝绸之路架起了东西方文明的桥梁，西方的金属制造工艺传入中国，唐代及之后朝代出土的金银珠宝首饰和器物大量增多，推进了古代中国金属加工工艺的发展。至明清时期，中国古代珠宝首饰工艺达到了一个新的高度。

■ 〔清〕明宣德款铜熏炉（仿），高 19.2cm、口径 14cm

■ 〔明〕永乐铜鎏金观音菩萨坐像，通高 19.2cm、底宽 12cm、底厚 8.9cm

■ 〔清〕铜钱编狮子，通高 18cm、长 22cm、宽 7cm

■ 〔商〕四羊方尊，高 58.3cm、宽 52.4cm、重 34.5kg

■〔北宋〕鎏金荔枝纹银带板

■〔明〕益庄王墓万妃棺出土小金冠

■〔明〕镶宝石王母驾鸾金挑心

■〔明〕金累丝楼台人物顶簪

■ 〔清〕金嵌珠宝圆花，直径 7cm

■ 〔清〕点翠嵌珠宝五凤钿，高 14cm、宽 30cm、重 671g

■ 〔清〕金錾花嵌珠宝扁方，长 31cm、宽 4.3cm

工业革命之后，西方部分国家在科学技术方面迅速发展，研制出了硬度较高的蜡，使蜡膜雕刻得更加精致，同时还研制出质地细腻的石膏作为铸造材料，使模型腔的处理更加细腻平滑，首饰铸造工艺的精细程度得到提升，金属工艺的发展突飞猛进。铸造材料的创新、加热技术的完善、流程的稳定，大大降低了铸造失败率，技术的进步与经济的繁荣为后来大量首饰工坊和品牌的发展提供了良好土壤。铸造技术不但能准确、细腻地塑造形体，还为批量复制提供了可能性，开启了向世界传播艺术的便捷途径。

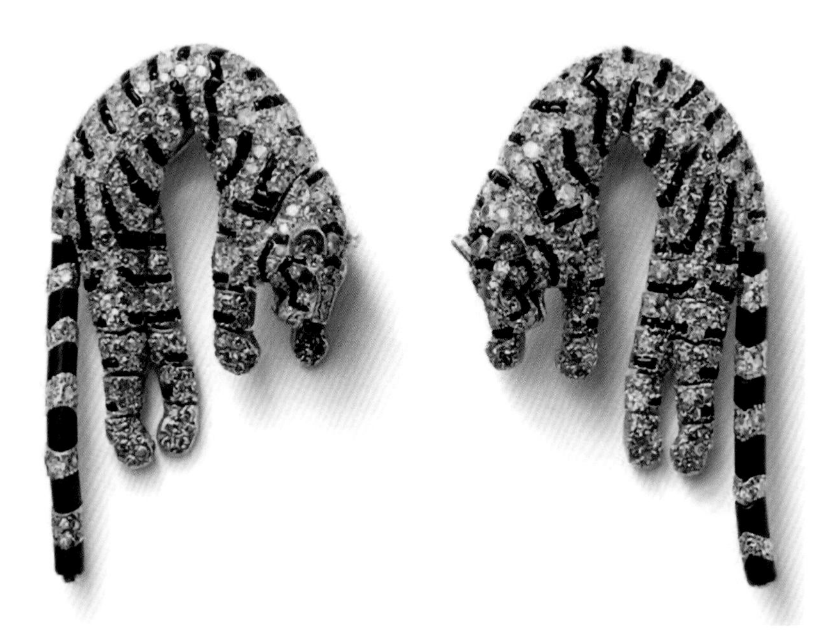

■ 卡地亚（Cartier），Tiger 耳饰，镶嵌祖母绿、黄钻、缟玛瑙，1957，老虎的四肢和尾巴通过铰接的方式进行组合，可随佩戴者身体的动作自由摆动

■ 梵克雅宝（Van Cleef & Arpels），Vagues Mystérieuses 胸针，2015

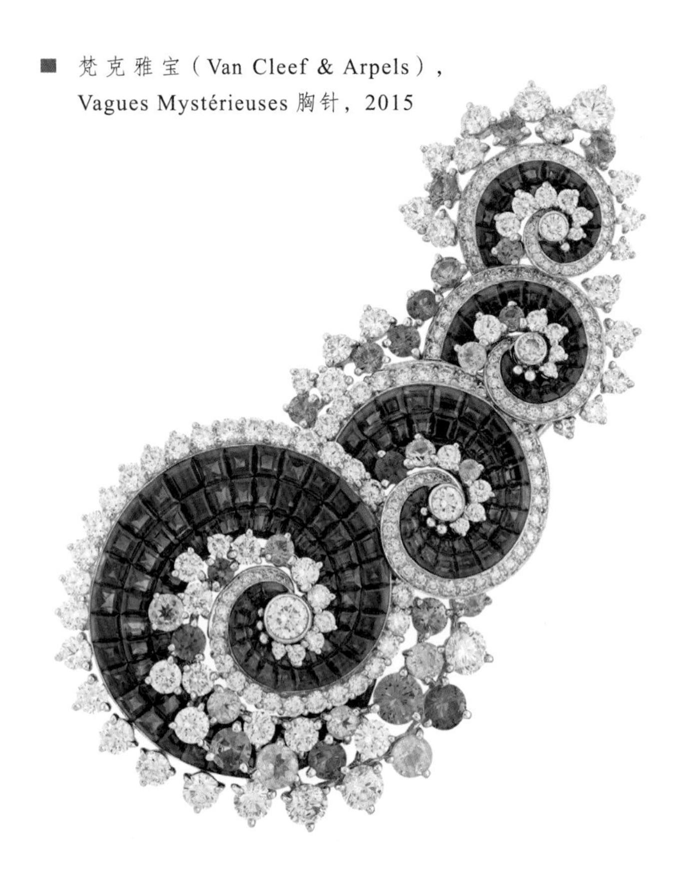

■ Vagues Mystérieuses 胸针制作过程

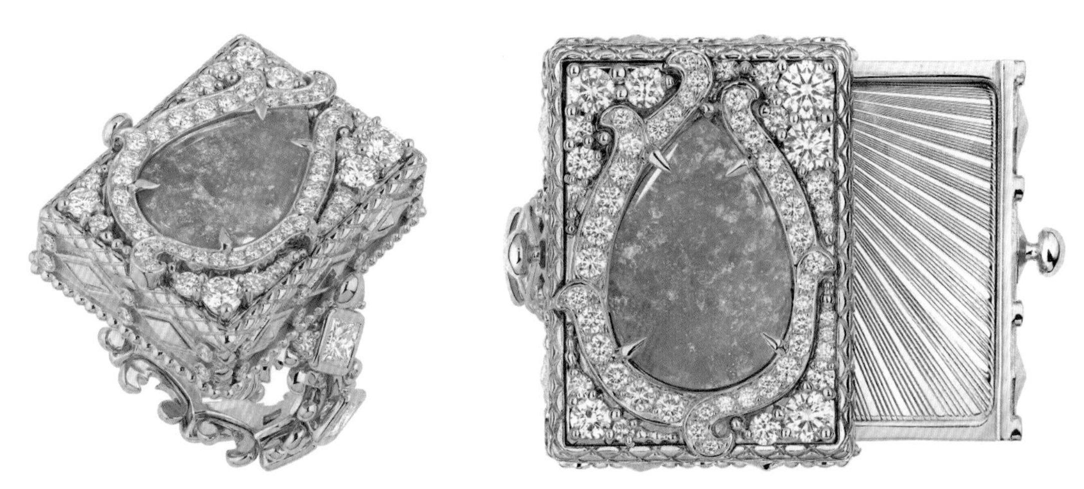

■ 迪奥（Dior），Cachette Tiroir Opale Claire 白金戒指，2018

■ 蒂芙尼（Tiffany & Co.），The Art of the Wild Whispers of the Rain Forest 项链，18K 金镶嵌钻石，2017

■ 梵克雅宝（Van Cleef & Arpels），Panache Mystérieux 白金胸针，升级版隐秘式镶嵌工艺，镶嵌蓝色、紫色、粉色和黄色蓝宝石及钻石，2018

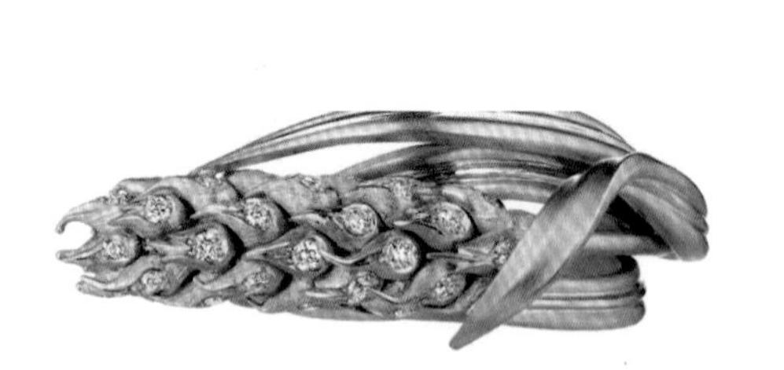

■ 尚美（Chaumet），L'Épi De Blé 戒指，黄金镶嵌钻石，2017

1.1　常用的首饰成型工艺

常用的首饰成型工艺分为两大类：一类是铸造成型，该工艺的原理是先制作出型腔模具，把加热熔化后的金属注入腔体中，待温度下降，金属凝固后便可依照模具的形态得到相应的金属造型，我们通常称这种方法为铸造或浇铸，其中涉及化学、机械、物理等知识，是一种液态成型的技术；另一类是冲压成型，该工艺是先将首饰制作成钢模，再运用机械冲压的方式进行成型。

■ 吴冕，从一枚戒指开始（Start from a ring），2012

常用的成型工艺有失蜡铸造法、墨鱼骨铸造法、砂铸法、中空电铸法、机械冲压法、陶范法等。其中失蜡法是目前最常用的首饰铸造工艺，墨鱼骨法、砂铸法适合小型设计师工作室创作使用，中空电铸法适合制作体积较大的首饰及摆件类产品，机械冲压法适合大批量商业首饰加工，而陶范法则是古代商周时期铸造青铜器所采用的工艺。

1.1.1 失蜡铸造法

失蜡铸造法，简称失蜡法，顾名思义是将“蜡”除去后再得到铸造形体，由于蜡的熔点较低，所以通过焙烧即可除去。熔点相对较低的其他材质，如当今常用的 3D 打印技术制作出的尼龙模型、树脂模型等，也可通过同样的方法进行铸造。有些艺术家希望还原大自然的纹理，将昆虫标本、坚果、树枝之类的物品通过失蜡法原理铸造，也能够得到很好的效果。

■ 3D 打印首饰蜡模型

■ 谢白，天然果实铸造，失蜡法浇铸成型，925 银

失蜡铸造法是一种使用广泛且成熟精细的铸造法，它的发明大大提高了铸件的精细程度，很多精密的镶口和惟妙惟肖的造型都可以通过失蜡铸造法完成。

■ 梵克雅宝（Van Cleef & Arpels），蜡雕制作过程

■ 梵克雅宝（Van Cleef & Arpels），珠宝制作过程

1. 失蜡铸造法的主要流程

（1）起版

起版也可以理解为首个模型制作打样，常用银、铜以及首饰用蜡等材料进行制作。考虑到后期铸造时收缩、损耗等问题，如果用蜡材质起版，制作的体积一般比最终浇铸成金属的体积大5%~10%，才能确保最终成品更加接近设计时的数据。

如果起版模型是银、铜等金属材质，则需要对模型进行压胶模、开模，制作出橡胶模具，然后再用真空注蜡机将蜡注入橡胶模具中，这样就可以得到相同款式的蜡质模型，并且可以进行复制。蜡模准备完毕后再进行失蜡铸造，这种方法可批量复制商业

■ 谢白，暗香瓶聚，猛犸象牙化石、红珊瑚、珍珠、锆石、925银镀金

类首饰。如果起版模型的材料本身就是蜡，或是尼龙、树脂等低熔点材料，可以先越过压胶模这一步骤，用失蜡法浇铸制作好金属成品后，再通过压模开模的方法进行橡胶模具保留（详见第 3 章 3.1.2）。

起版时需要注意，如果后期准备开模并浇铸金属，首饰模型最薄处厚度不能低于 0.2mm，如无特殊要求厚度应尽量保持在 0.5mm 以上。因为浇铸的极限值为 0.2mm，如果太薄，金属液体不易流入细微部位，最终可能会导致浇铸物件的不完整。

■ 《暗香瓶聚》起版过程
采用传统蜡雕工艺起版，然后用失蜡铸造法浇铸成金属

■ 谢白，亿万光年，海洋碧玉、红珊瑚、珍珠、925银镀金

■ 《亿万光年》起版过程
采用传统蜡雕工艺起版，然后用失蜡铸造法浇铸成金属

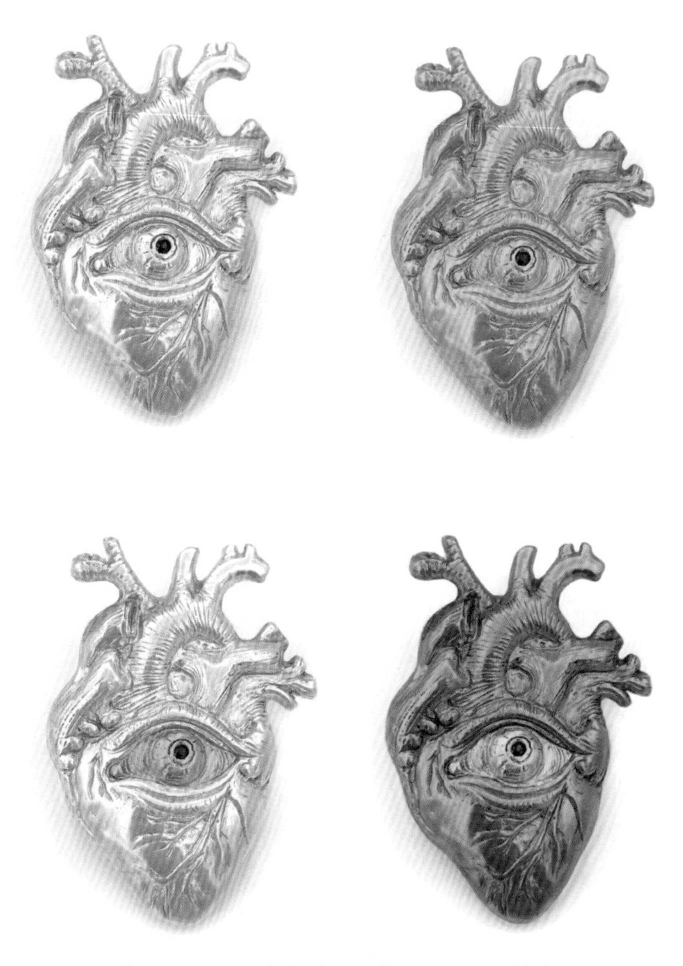

■ 王子文，“长心眼儿”系列，锆石、925 银镀金

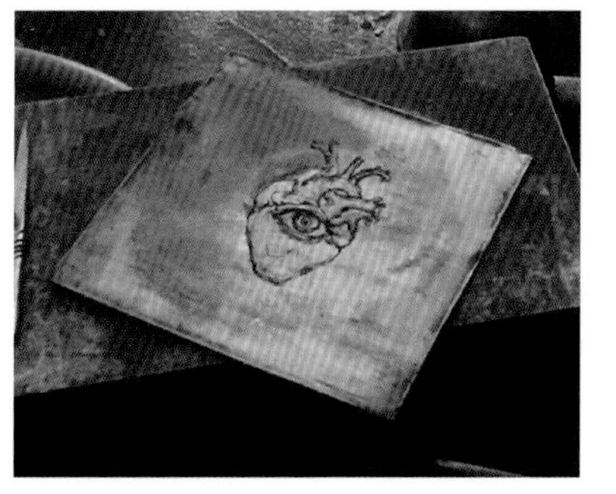

■ “长心眼儿”系列制作过程

首先采用金属錾刻进行起版，其次对金属版进行橡胶模具制作，然后进行模具注蜡，最后采用失蜡铸造法复刻出系列作品

（2）熔接水口

熔接水口时要注意选择铸件上最佳的进水位置，考虑是否利于浇铸完毕后打磨，要最大限度地增加流水量，同时又不能破坏精彩的首饰造型。

（3）种植蜡树（浇冒制作）

把准备好的首饰蜡模连接在一个圆柱体上，这时的造型酷似一棵小树，所以浇冒制作通常也被称为种植蜡树，蜡树根部相当于冒口，树干部是主浇道，水口是次浇道，铸件的蜡就像果实。符合流动规律的蜡树浇铸出的物品精度会更高。需要注意的是，通常在首饰加工铸造中，为了更好地控制成本，一次会凑齐一盅量的蜡版进行蜡树种植，同一盅里浇铸的作品只能选择同样的金属。

操作时需注意，首先，水口不能太细且没有锐角和曲度，水口与蜡模的支干、主干焊接处要尽量平滑，如遇到形状复杂的蜡模可以设置多个水口进行辅助。支线水口长度通常情况下不超过15mm，以免在铸造过程中过快冷却，主水口不短于7mm。其次，种蜡树时应将蜡模按照形状、大小、种类等均衡地分布于支干上，要注意蜡树的重心及平衡度；每个蜡模之间不能相隔太近，至少要留有 2mm 的空隙，种植好的蜡树与外面的石膏筒壁之间至少要留有 5mm 的空隙，蜡树与石膏筒底部要留有 10mm 左右的距离，如果距离太近，后期制作石膏模可能会导致模型腔壁过薄，引起破裂。再次，蜡树要做好表面清理，不得留有污渍和杂质。最后，种好蜡树后需要称重，做好记录，用于在浇铸时计算相应的金属重量。一般情况下，金属与蜡的比重如下：银：蜡 =10 ：1，14K 金：蜡 =14 ：1，18K 金：蜡 =16 ：1，22K 金：蜡 =18 ：1，黄铜：蜡 =10 ：1。

注 实际操作比例需按照浇铸机器说明书及所选蜡的情况而定。

（4）灌浆处理（灌石膏）

将蜡树放入钢铸筒，钢铸筒的类别有离心机浇铸筒（无孔）、真空机浇铸筒（带垫肩和孔）。制作石膏模具用的灌浆材料由

25% ~ 30% 熟石膏粉以及方解石、石英砂、还原剂和凝固添加剂等混合制成，这种混合的铸造粉要满足耐火耐高温、热膨胀率小、浇铸出的铸件表面光滑且易脱模等条件，行业称之为耐火铸粉浆材料。

铸造粉与水的调和比率大约是每 100g 粉用 38 ~ 40g 的水，水温尽量控制在 21℃ ~ 27℃之间，过高会加快凝固时间，过低则会延长凝固时间。粉与水混合搅拌后开始固化，通常情况下应在 9 ~ 10 分钟内将铸造粉调和成浆水并灌入钢铸筒，如果时间过短，粉与水将不能充分混合，时间过长又会影响铸造浆的流动性，可能会导致铸件细节的流失。

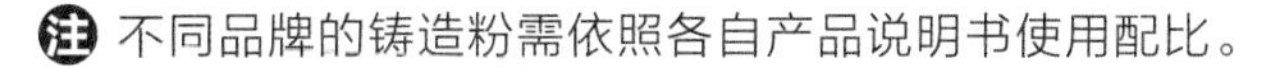
注 不同品牌的铸造粉需依照各自产品说明书使用配比。

■ 抽真空机

（5）真空处理（抽真空）

真空处理也叫真空脱泡步骤，用抽真空震动机把灌浆过程中因空气的附着而产生的气泡清除掉，有效减少铸件上金属浇铸时产生的砂眼瑕疵出现的概率。通常情况下要经过两次真空处理。

（6）焙烧失蜡

失蜡工艺分蒸汽失蜡和焙烧炉失蜡两种，通常情况下多运用焙烧炉进行失蜡。铸浆硬化后将铸筒放置于焙烧炉里加热，由于蜡的熔点低，蜡树会从型腔中熔化并流出，这样便留下一个负形，成为石膏模具，并为浇铸金属液体做好了准备。

在该操作过程中有几点需要注意。第一，失蜡操作时石膏模应水口朝下放入。第二，焙烧炉温可达 1000℃左右，但实际调温应根据浇铸的金属材质来定，如果是浇铸 K 金类产品（金、银、铜）应保持在 750℃内，如果是浇铸铂金类产品，温度要达到 950℃ ~ 1000℃。第三，加热时温度需要逐渐升高，达到最高温度后要保温 3 小时左右，这样可使炉内石膏模温度较为均匀，之后再让石膏模的温度降至最佳。

焙烧的目的一是提高模具型壳的强度，二是使模具的温度与熔金时的温度接近，这样在浇铸时就不会因为金属降温过快造成砂眼、缺蚀等瑕疵。浇铸前需把握好熔金的温度，温度不足会导致金属熔化不均，影响铸造效果；温度过高会使金属里熔点较低的铜、锌等元素挥发，造成砂眼。

（7）熔炼浇铸

常用的首饰浇铸方法有浇灌法、离心浇铸、真空离心浇铸、真空加压浇铸、负压吸引浇铸等。浇铸从工艺方面可分为两部分：一是熔炼，二是铸造。

熔炼：称量好所需的金属和补口（合金配制时的术语。如熔制 18K 金，需要 75% 分量的足金 999，其余 25% 的金属使用铜、银等相对便宜的金属熔制辅料，加热熔合。这 25% 分量的辅料合金就称为补口）后，将两种金属放入熔金锅里均匀混合熔炼后即可浇铸。为了使浇铸的物品达到理想效果，首先要了解所用金属的熔点和特性，俗语叫掌握火候，可参考不同配比的金属熔点和特性来控制温度。

■ 真空加压铸造机

半液态的金属溶液看似具有流动性，其实火候尚且不足，可能会导致浇铸品产生冷却麻点，更严重的还会导致产品浇铸不完整。如果金属熔液过热，有效成分挥发，就会导致过热麻点。所以掌握合适的温度可使金属熔液保持良好的流动性，汇合成完整的液态，这与操作人员的经验密不可分。

铸造：铸造的工艺类型分两大类，一类是熔金后注入石膏模具内，运用真空铸造机等进行铸造，该过程分为熔金和浇铸两个步骤；另一类是运用较为先进的真空离心铸造机或真空加压铸造机等进行加工，这种方法可将熔金和浇铸两部分工艺合二为一，该类铸造机器通过施压、真空、离心力等使金属液体充分填充于模具的各个细节中，可以减少物品砂眼，改善表面细腻程度。

■ 小型全自动真空铸造机

目前，第一种铸造工艺在市场应用中相对普遍，比较适合中小型首饰加工坊；第二种铸造工艺更完善，但所用机器体积大且价格较贵，市场上的应用度相对较低。

（8）脱模清洗（炸石膏）

铸造完成后需将铸筒静置 15 ~ 30 分钟，稍作冷却后再进行脱模清洗，业内俗称炸石膏或炸水，如果操作太早容易使铸件断裂，过晚则会导致石膏脱模困难，费工费时。

铸模稍作冷却后，用自来水从底部开始冲洗，遇到冷水后，其中的金属铸件会与大部分石膏铸模分离，之后需用高压水枪喷射冲洗铸件，将附着在金属铸件上的石膏铸模清洗干净。最后，用硫酸或氢氟酸溶液浸泡金属铸件，去除金属铸件上所有的细微杂质，需要注意的是，要根据不同的金属选择不同浓度的溶液进行浸泡，浸泡时间的长短也有所不同。浸泡完毕后将金属铸件取出，用清水彻底冲洗后烘干，脱模清洗的步骤就完成了。

（9）去除水口、执模抛光

可先对清洗干净后的金属铸件树进行称重，以便于计算损耗量。再用剪钳等工具将金属铸件树上的金属物件一一剪掉，注意要在距离金属铸件 1.5mm 左右的水口位置进行剪切，以便留有一定空间进行后期的执模抛光等操作。

将剪切下来的金属物件进行质量检查，查看物件有无砂眼、残缺、裂痕、变形、成色不足等问题，根据质量进行归类。最后，将金属物件进行执模、抛光，去除水口等痕迹并进行表面的全方位整修，最终呈现出所需状态，失蜡铸造过程就完成了。

注 失蜡铸造法的操作细节可参考附录“常用贵金属饰品铸模烘焙时间参照表”。

“Rejuvenation 复生”系列作品是由许多残次的“山寨”复制商业首饰蜡模重组而成，通过对复制品的复制，获得了复制所不具备的独一无二的特征。各种似曾相识的大牌经典，层层叠加、相互掩映，消解了它们所要复制的品牌、价值和象征，让毫无生气的复制和毫无价值的残次，获得了崭新的生命。

■ 吴冕，Rejuvenation 复生 NO.007

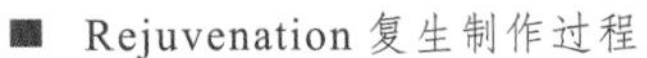

■ Rejuvenation 复生制作过程

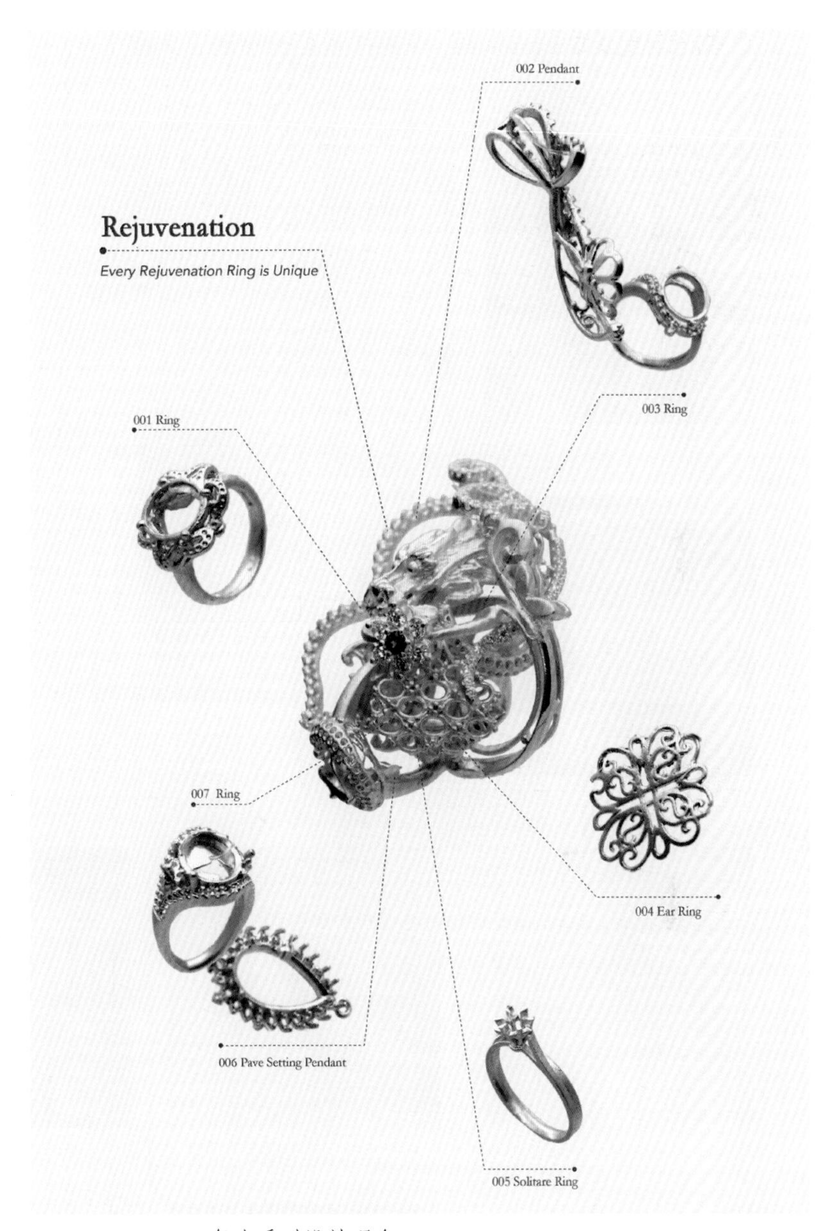

■ Rejuvenation 复生系列设计理念

2. 首饰铸造具体操作流程 （操作示范：显若工作室）

1

熔接水口

2

种植蜡树

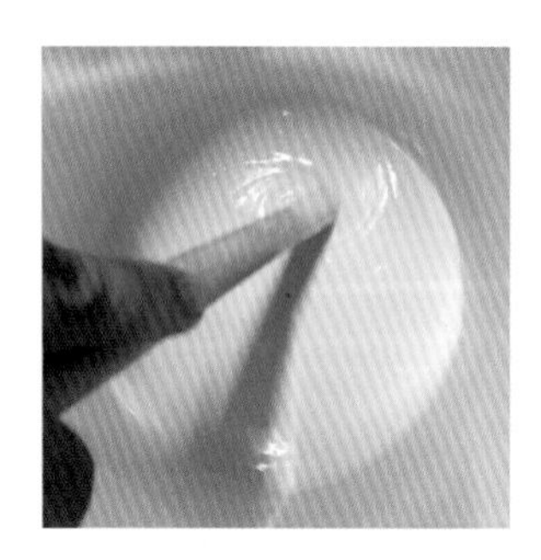

3

灌浆处理：搅拌铸造浆；用报纸、透明胶带包裹钢盅，防止铸造浆溢出；将蜡树连同底盘一起放入钢盅，把配比好的铸造浆缓慢注入钢盅内，铸造浆需没过蜡树

4

真空处理：灌浆后需放入机器进行抽真空脱泡处理；
抽真空后放置 6 ～ 12 小时，等待铸浆凝固

5

焙烧失蜡：烘焙石膏模、脱蜡、干燥、浇铸保温

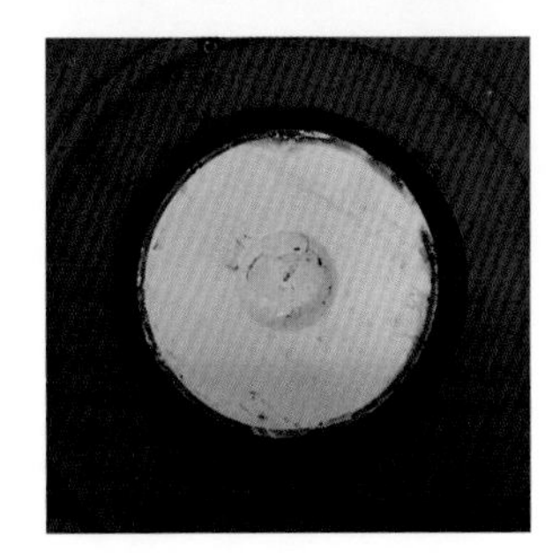

6

熔炼浇铸：熔炼金属；将熔炼配比好的金属液体，从烘焙好的石膏模具水口注入腔体内，并使用真空铸造机铸造

7

脱模清洗（炸石膏）：从浇铸机取出铸模后放置 15 ~ 30 分钟，使其稍作降温后放入冷水中进行炸洗，铸模遇冷收缩炸裂，便可取出金属铸件树；用钢刷去除大块石膏，再用高压水枪冲洗附着在金属铸件树上的残余石膏，之后放入 30% 左右浓度的硫酸或氢氟酸中浸泡 10 分钟左右，最后夹出金属铸件树用清水冲洗后烘干

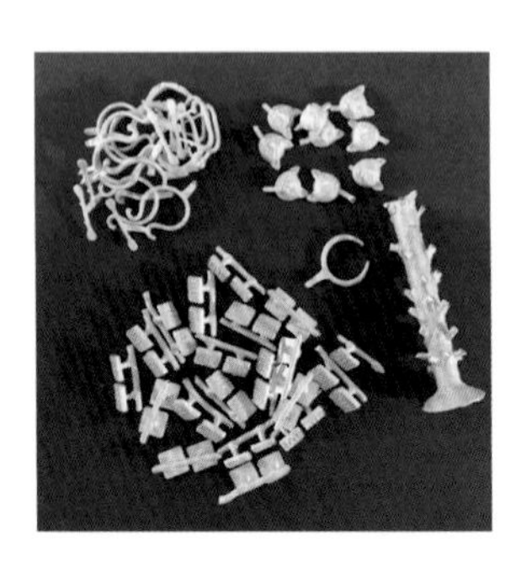

8

清洗完毕后的金属铸件树，白色树材质为 925 银，黄色树材质为黄铜

9

去除水口，用剪钳将金属铸件从树上剪下，之后可使用各种抛光、打磨工具进行执模抛光

1.1.2　墨鱼骨铸造法

墨鱼骨铸造法是由西方传入中国的古老铸造工艺，相对丁其他工艺，墨鱼骨铸造法的制作流程便捷易操作，适合小型工作室或设计师创作使用。该方法也是古代欧洲工匠经常使用的，可以翻铸一些精密度要求不高的首饰。墨鱼骨类似水纹的肌理很特殊，许多首饰创作者非常喜欢这种自然粗犷的感觉，为了保留其原始的风格，也会按照这种古老的浇铸方法进行制作，将之运用于当代首饰的创作中。

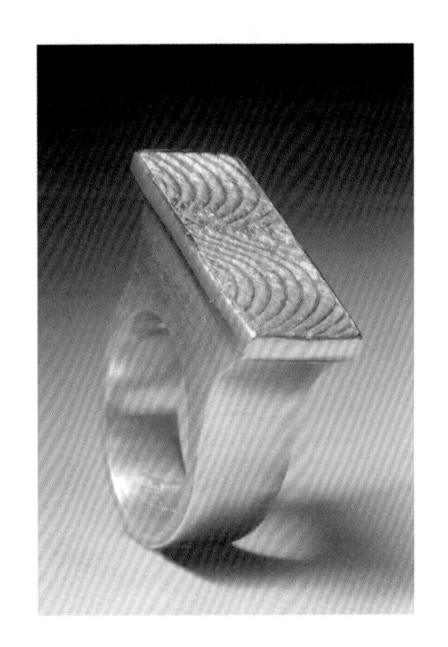

■　墨鱼骨铸造法制作的戒指，拥有独特的肌理

1. 墨鱼骨铸造基本工具材料

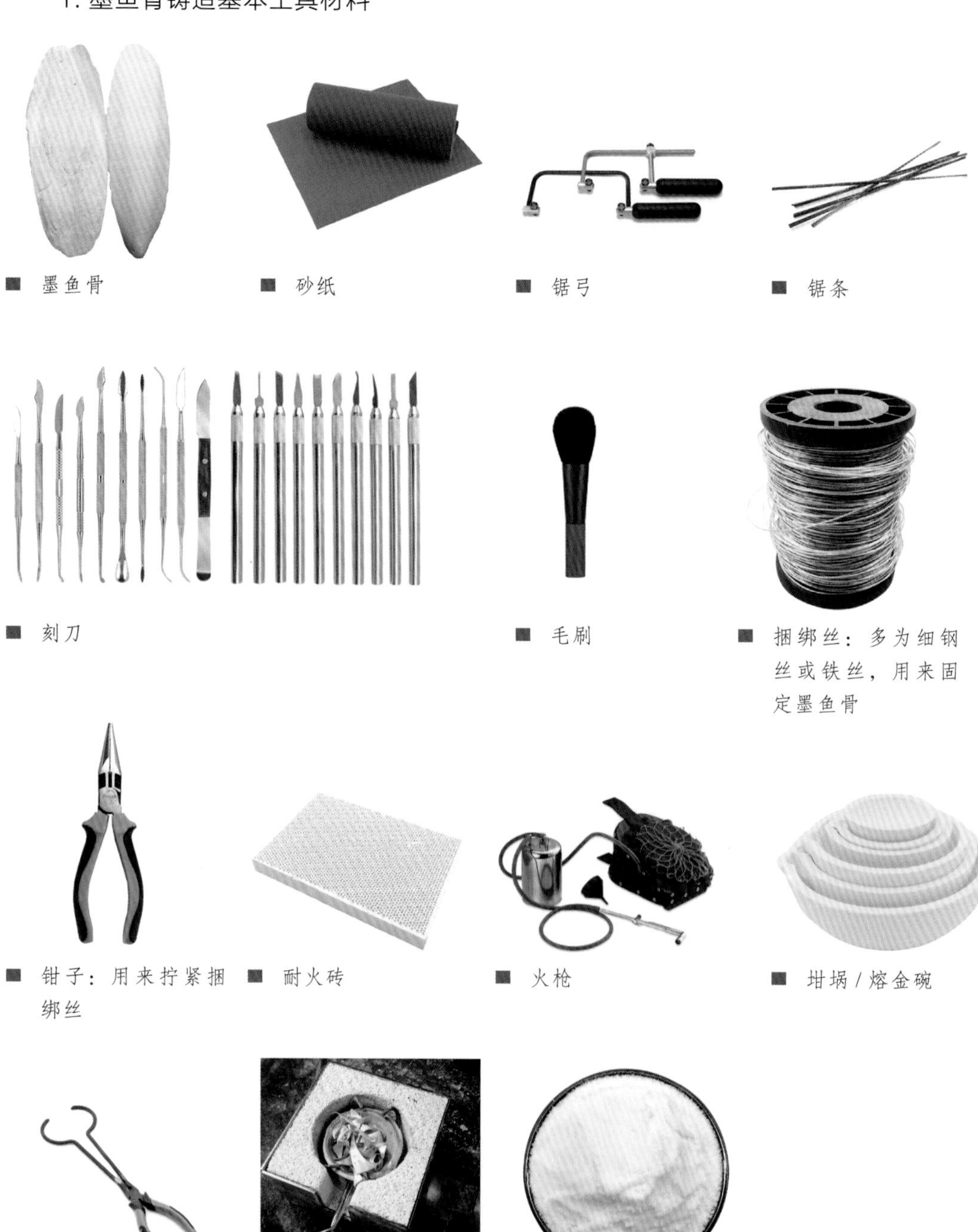

■ 墨鱼骨

■ 砂纸

■ 锯弓

■ 锯条

■ 刻刀

■ 毛刷

■ 捆绑丝：多为细钢丝或铁丝，用来固定墨鱼骨

■ 钳子：用来拧紧捆绑丝

■ 耐火砖

■ 火枪

■ 坩埚 / 熔金碗

■ 坩埚钳

■ 银料

■ 硼砂

2. 墨鱼骨铸造工艺基本流程（操作示范：Gustavo Paradiso）

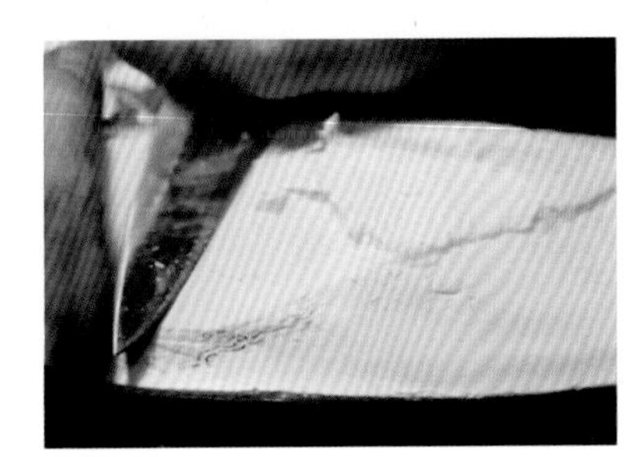

1

取一块墨鱼骨头，将其从中间一分为二切开，用砂纸将切开的两块墨鱼骨内侧打磨平整

2

用毛刷清除附着的墨鱼骨粉末

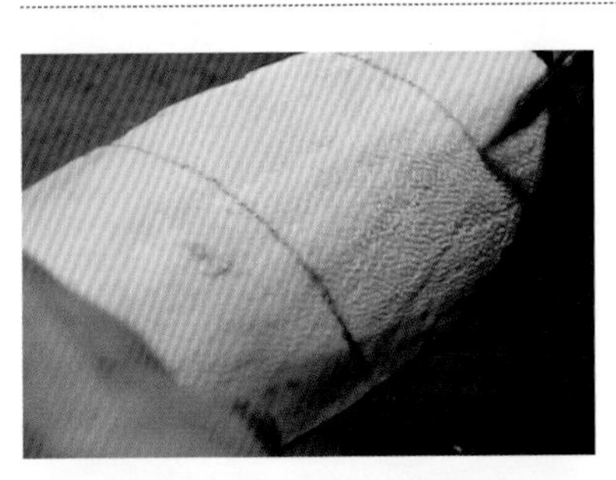

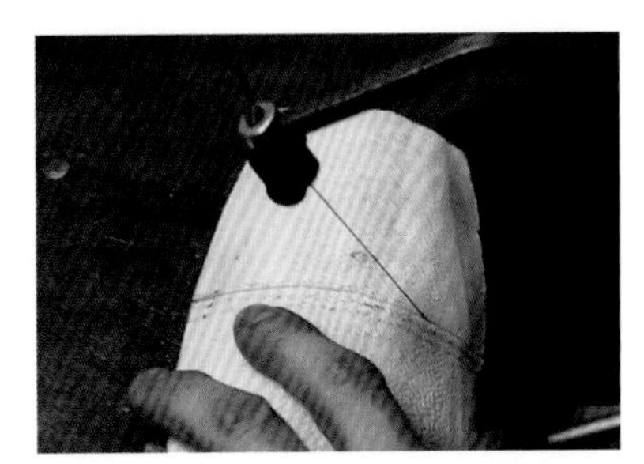

3

将两块修整好的墨鱼骨合并，取中间最厚的一段锯下

4

用铅笔在墨鱼骨横截面的部位标注金属浇铸口的位置

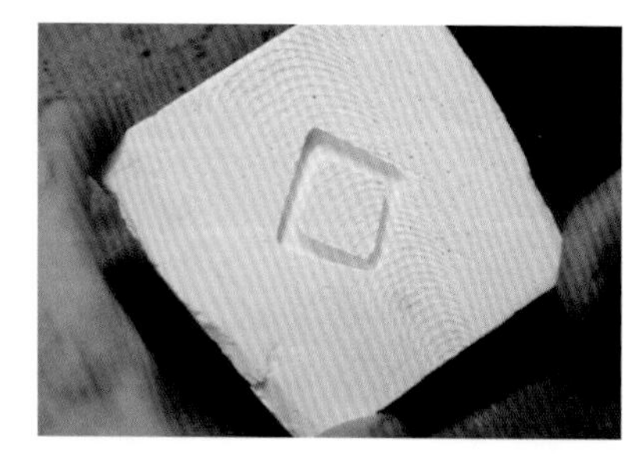

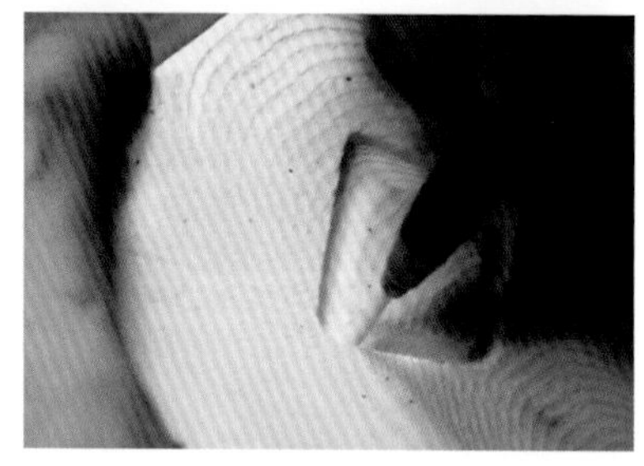

5

将需要翻铸的物品在打磨好的墨鱼骨平面上进行按压，由于墨鱼骨材质较为柔软疏松，会留下相对清晰的印痕，根据需要可用电磨或刻刀将印痕加以修整

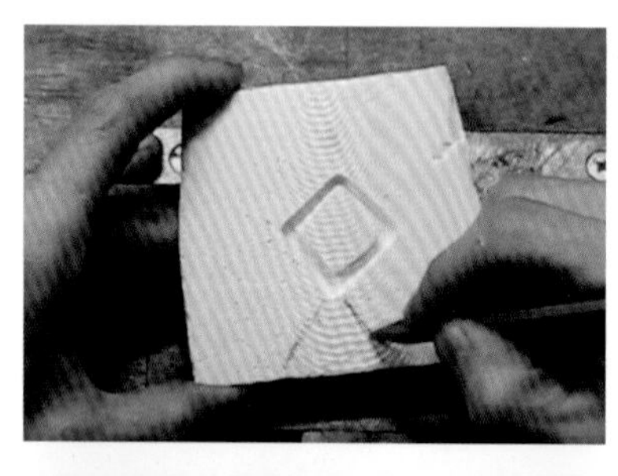

6

在两块墨鱼骨的顶端刻出一个类似漏斗形状的通道，注意两边应对称、紧密

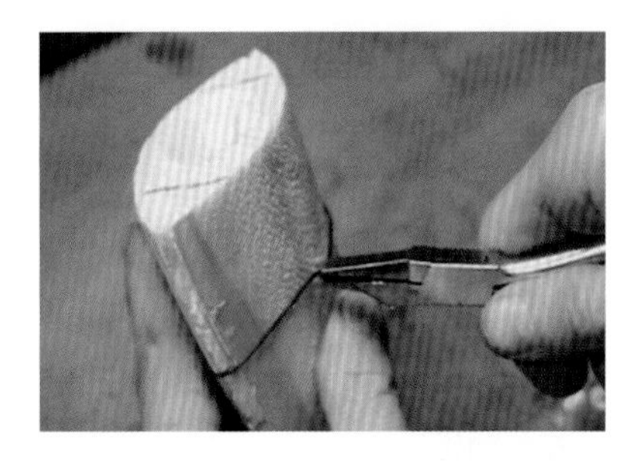

7

将两块墨鱼骨严丝合缝地拼合起来，用金属丝缠绕固定后放在焊砖上

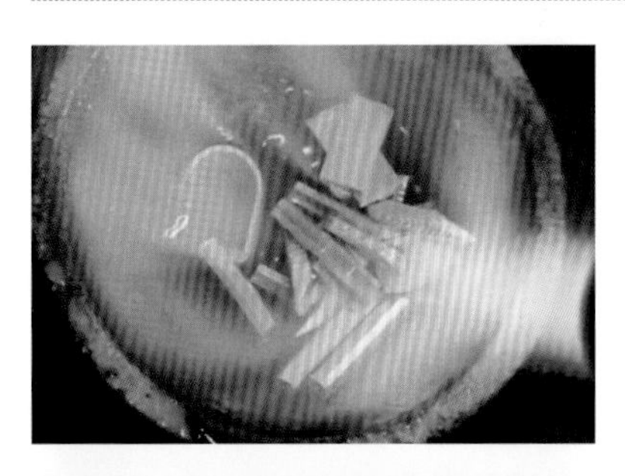

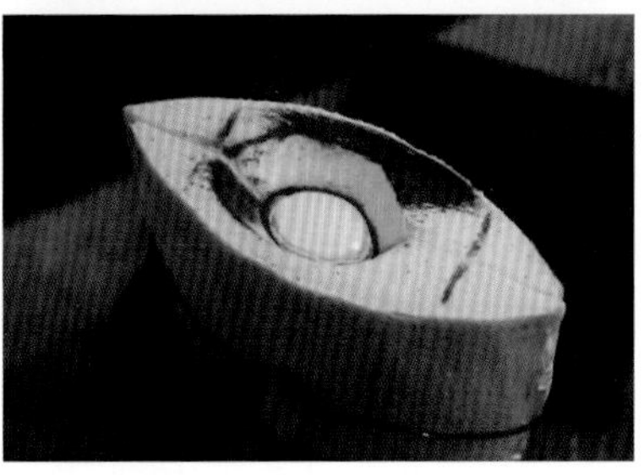

8

取适量碎银料和硼砂放入坩埚后用火枪进行加热，银料熔化后用火钳夹住坩埚将熔化的金属水倒入墨鱼骨模具中

9

等墨鱼骨和金属冷却后，将金属丝剪断，墨鱼骨从铸造中心开始发黑，已经不能再使用；取铸件之前要确保完全冷却，如果担心还有余温也可将其放入冷水中迅速冷却后取出；之后可用锯弓将注入口部分的金属切割掉，再用锉刀等打磨工具修整铸件；整个墨鱼骨铸造流程即完成

1.1.3 砂铸法

砂铸法是一种古老的铸造方法，世界各地的工匠都曾使用过这种方法进行铸造，该方法也是一种操作成本较低的铸造工艺，在现代社会中仍然发挥着重要作用。目前，我们铸造首饰或小件物品一般用德尔福砂铸装置，该装置由两个铝制可插套的圆框组成，铸造砂是含有油性的黏土，这种黏土不可雕刻，铸造的原理

是通过挤压实物获得型腔后进行浇铸，所以砂铸法比较适合现成品的翻制，钥匙、纽扣、贝壳、骨头等具有一定硬度的小物品，都可以通过该工艺进行翻铸。

1. 砂铸法的基础工具与材料

■ 铝制德尔福砂铸模框、德尔福铸造砂黏土

■ 平锤

■ 钢尺

■ 滑石粉

■ 刻刀

■ 毛刷

■ 镊子

■ 麻花钻头

■ 耐火砖

■ 火枪

■ 坩埚 / 熔金碗

■ 坩埚钳

■ 银料

■ 硼砂

2. 砂铸法的基本工艺流程

砂铸法工艺步骤具体可以总结为制芯、合箱、浇铸、清沙、去除水口。

1

取一枚较短的铝框，将边缘凸起的一面向下放置在水平桌面上

2

用德尔福黏土填充铝框，并用锤子夯实

3

用尺子刮去多余的黏土，使整个表面保持平整

4

将黏土框翻过来放置，并将所要翻铸物品的一半按压进黏土中，另一半露在外面，最后再将不平整的黏土用尺子压平

5

将滑石粉均匀刷在制作好的黏土框表面，这样可以防止合上另一半框后两边黏土粘连

6

将另一半铝框盖上，注意两边铝框的刻度线要对齐

7

用黏土填充第二个铝框，用锤子夯实，最后用尺子刮除多余黏土

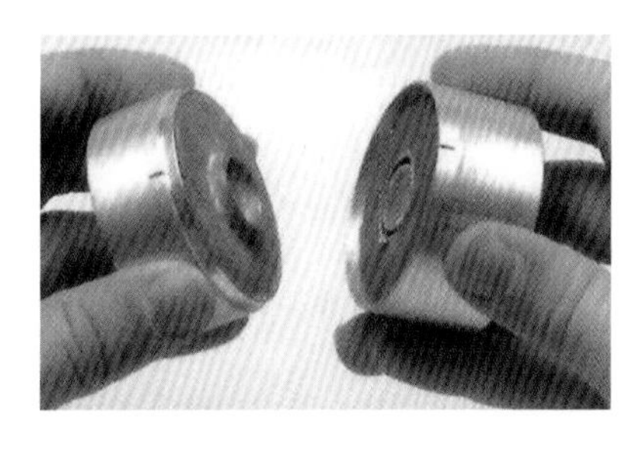

8

将两块铝框分开，并记住对齐刻度线记号

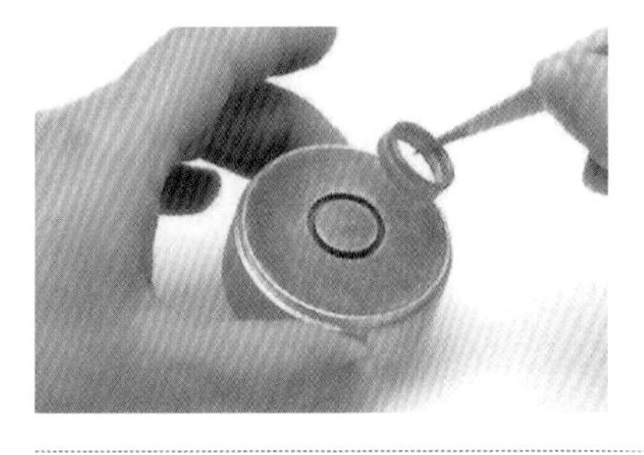

9

用镊子小心地将物品取出，如果遇到阻力，轻轻旋转物品后再移除即可

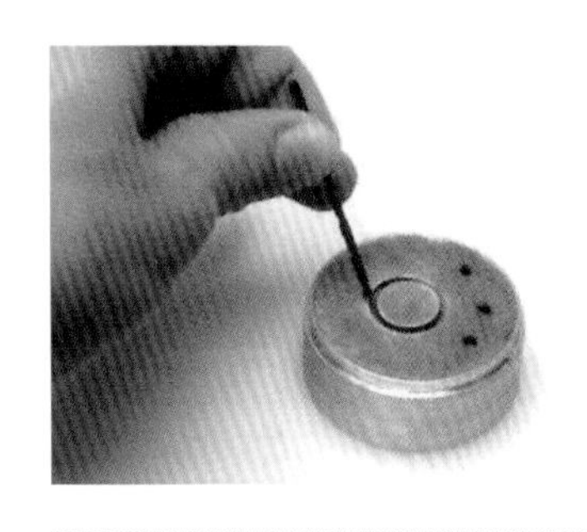

10

用麻花钻头或小棒从铸造型腔上钻出一道浇铸水口，注意水口需要贯穿整个黏土层；在浇铸水口对面再钻穿三个排气小孔，并用小刻刀在黏土平面挖出三条通道，连接铸造腔体和三个排气小孔

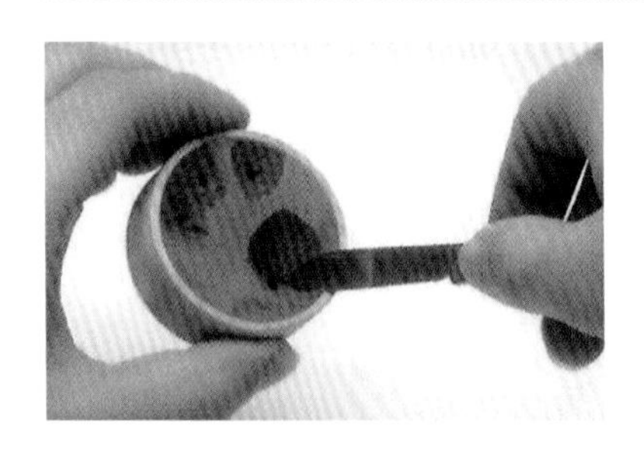

11

用小刻刀在浇铸水口和排气孔处挖出漏斗形，便于之后金属液的浇铸，小心清理操作时产生的黏土碎屑

12

浇铸铝框侧面剖析图，注意浇铸水口的漏斗和通道要直接连接到浇铸腔体，通道应平滑且直径不小于 5mm

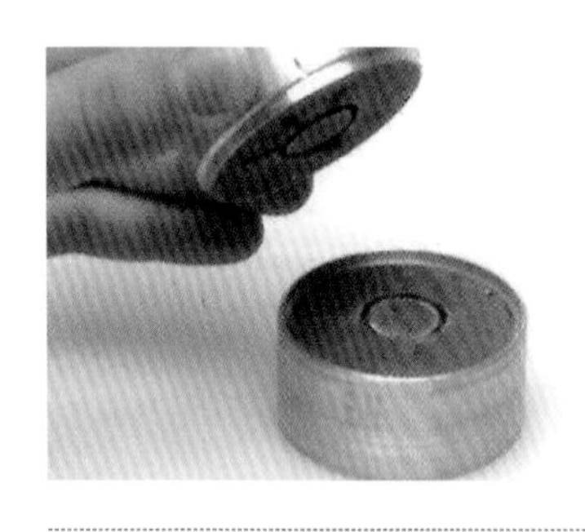

13

将两块修整好的铝框按照标注记号对齐后合在一起，放置在安全操作台的耐火面或耐火砖上，准备浇铸

14

估算所需银料，注意须将水口部分的银料也计算进去；把银料和硼砂粉放入坩埚后加热，银料熔化后用坩埚钳夹住坩埚从水口将金属液注入铸造腔体

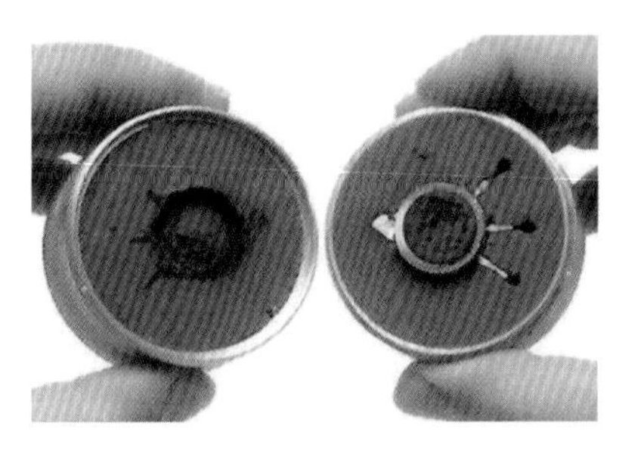

15

浇铸完毕，等待整个框体冷却后打开，取出金属铸件，清水冲洗后进行酸洗等细节清理，之后可用锯弓将水口去除，用锉刀打磨掉多余部分，再进行一系列的执模抛光，翻铸物品即制作完毕

1.1.4　中空电铸法

中空电铸法是极具趣味的首饰、工艺品加工技术，由于电铸产品中间是空心的，所以即便体积较大，重量也很轻，非常适合制作体积较大的饰品及工艺品等。中空电铸工艺与失蜡铸造工艺有许多相似之处，但电铸不用进行石膏模的制作，只需对蜡模表面进行涂银油的敏化处理，使蜡模表面导电，然后放入特制的电铸缸中配合电铸液进行加工，完成后放入蒸汽炉中熔去蜡模，最后进行清洗抛光，即可制作饰品。也有部分首饰加工省去了最后蒸汽除模这项流程。

■ 电铸工艺首饰

目前，市面上流行的 3D 硬金饰品的加工，常运用的是中空纳米电铸法，其制作思路和中空电铸法非常相似，但工艺核心是对电铸液中的黄金含量、pH 值、工作温度、有机光剂含量和搅动速度等进行改良，提升了黄金的硬度及耐磨性，其产品硬度是传统足金 999 的 4 倍。由于 3D 硬金的内部是空心的，所以同体积大小的饰品重量仅为传统足金 999 的 30% 左右。3D 硬金饰品硬度高、耐磨性好、体积大、重量轻，深得大家喜爱。

■ 周生生，3D 硬金工艺首饰

也有设计师尝试对昆虫标本、树叶、纺织物等材质敏化处理后进行电铸，由于这些材质熔点较低，电铸成型后也可以用蒸汽炉熔去内部物质，只留下电铸部分，最终作品效果非常逼真。比如电铸叶子，其脉络能够展现得淋漓尽致，具有较高的仿真效果。

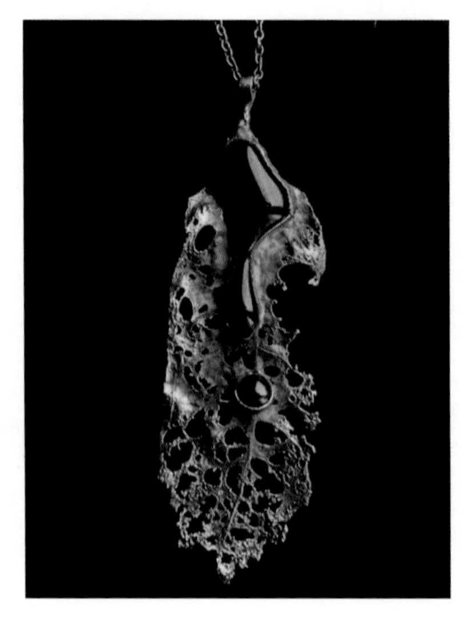

■ 电铸工艺首饰

中空电铸的基本工艺流程如下。

1. 敏化处理（涂银油）

将准备好的蜡模或实物进行敏化处理。电铸是一种化学成型工艺，物品表面需要在电铸过程中导电，所以要在非导体物品上涂抹一层银油，使其产生良好的导电性能。需注意的是，要涂抹均匀并且覆盖物品的各个部位，否则可能会导致电铸失败。

2. 电铸

涂抹好银油的物品需自然风干，之后放入电铸缸内按照程序要求设置好过程。电铸物品的重量是由电铸层的厚度决定的，而电铸层的厚度由电铸时间控制，所以操作者要掌握好电铸时间。

3. 清洗除蜡

将电铸好的物品进行彻底清洗后放入蒸汽炉中除蜡，为使电铸物品造型更加明确，可在除蜡前先用玛瑙刀将物品轮廓进行轧光勾勒。

4. 清洗抛光

脱蜡后的物品由于涂过银油并且是中空形态，必须用去离子水进行反复冲洗后再抛光烘干。

经过以上操作流程后，电铸物品即完成。

■ 电铸工艺首饰

1.1.5 机械冲压法

机械冲压法通常用来批量生产商业类型的首饰，采用该工艺可以降低生产成本；也有许多艺术家用冲压法的工艺思路创作首饰作品。

机械冲压法的制作工艺有两大类。一类是工业化冲压工艺。首先，需将准备复制的首饰制成 1：1 的钢质模具；其次，将钢制模具固定在冲压设备如液压机上；再次，将准备制作首饰的金属原料放置在冲压设备上进行冲压加工，一般情况下多会选择黄金、白银、铜等延展性能较好的金属进行冲压；最后，将冲压好的首饰根据造型进行焊接、抛光等整修加工。另一类是冲压简单图形的工艺，比如冲压出半圆弧状的心形、圆形等，该工艺可利用亚克力模具和液压机进行冲压。首先，取一块厚度为 1cm 的亚力克板，在上面画出要冲压的图案，并按照图案进行镂空切割，得到需冲压图案的负形，修整边沿使其光滑平整；其次，准备好一张大于亚克力负形模具的金属片，多用延展性强的金、银、铜，进行退火后固定在模具上，上面铺垫几块橡胶，放置在液压机中心位置；再次，逐渐升起液压工作台面，释放压力，对金属片和亚克力模具进行冲压工作，完毕后取出金属片，就可以得到一个正形的弧面图案了；最后，用锯弓锯掉多余的金属片，将冲压好的部分进行再修整制作即可。

■ 冲压设备、模具、材料等

■ 冲压工艺制作的首饰与钢制冲压模具

■ Sim Luttin，Melancholy Brooch，氧化足银、玛瑙、赤铁矿、钢，结合冲压工艺制作的艺术作品

■ 亚克力冲压模具及金属冲压片

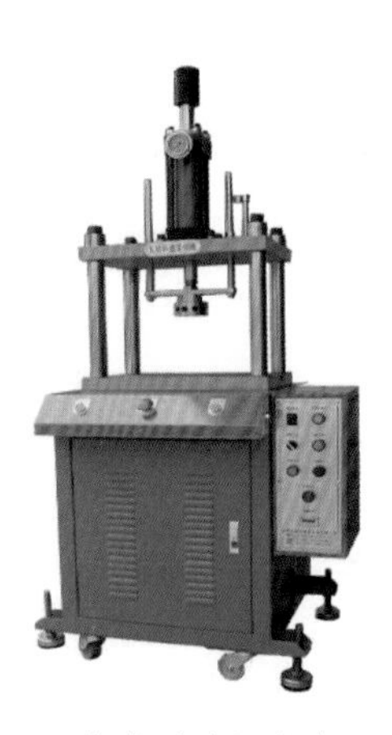

■ 各类型冲压设备

■ 黄铜冲压制作的系列首饰配件

■ 各类型冲压设备

1.1.6　陶范法

陶范法是商周时期用于铸造青铜器的工艺，又称合范法，它的工艺流程大致分为制模、范座、翻范、制内范、合范、制作浇铸孔、浇铸、取物、打磨等。

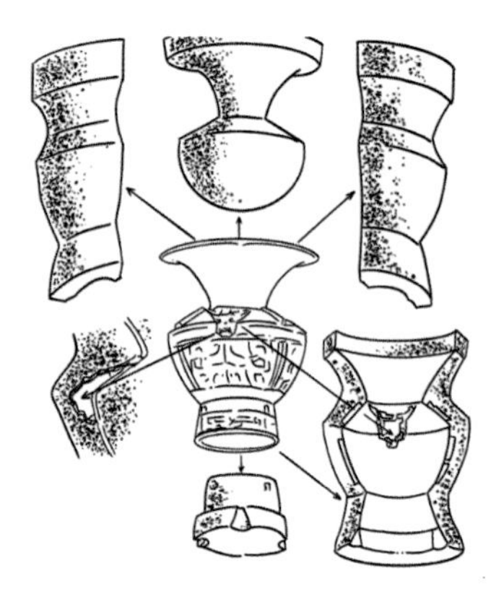
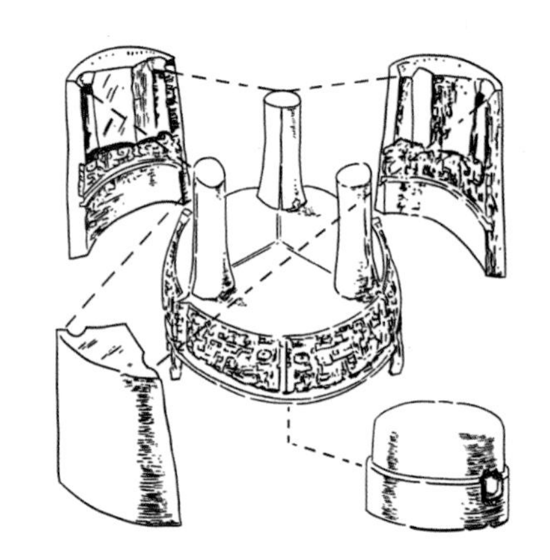

■　陶范法示意图

1. 制模、范座

青铜器的铸造和首饰的铸造不同，首先要制“模”。如果铸造实心铜器，可以直接用实物当“模”；如果铸造复杂造型的青铜器皿，如青铜器罐、瓶等，要先用陶土塑造出一件青铜器皿的器形，称之为“泥模”或“初胎”。由陶泥堆成的平台称为“范座”。

2. 翻范（制外范）

将“模”放在范座上，在“模”或“初胎”外敷上陶泥并压实，这层陶泥称之为“外范”。陶泥半干时，将“外范”切割成几块，以便于之后脱模，切割痕迹要整齐；再在相邻的两块外范上做几枚三角形榫卯进行连接；最后将外范取下阴干并用微火烘烤，该过程叫“制外范”或“翻范”。

3. 制内范

计算好青铜器皿的厚度，将制外范用过的泥模初胎，趁湿润时按照厚度刮去一层，刮去的厚度就是所铸铜器的厚度。刮完毕后的泥模称为“内范”。

4. 合范

将“内范”倒置于底范座上，再将“外范”包裹于内范外，外范块之间用榫卯固定。“合范”时为了调整内、外范的位置，需在内、外范之间垫上铜垫片，一般情况下铜垫片会放在器物的底部或下半部，注意摆放时需避开有纹饰的部位。

5. 制作浇铸孔、浇铸

合范后需在整个泥模上面制作封闭范盖，并在范盖上做浇铸孔和排气孔，用于浇铸铜液和排放空气。将熔化的青铜液从浇铸孔灌入模具中。

6. 取物

待青铜液冷却凝固后，将外范打碎并掏出内范，铸造的青铜器皿就可以取出了，因此该工艺的内、外范只能使用一次。

7. 打磨修整

铜器铸好后，先将表面清理干净，再用砺石对器皿表面进行修平磨光，最后用木炭擦磨抛光。

■ 制模、范座

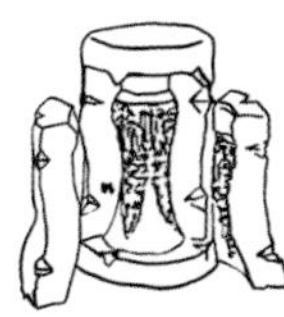

■ 翻范（制外范）

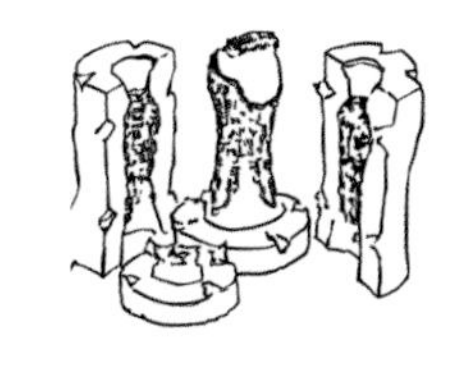

■ 削刮“模”制内范

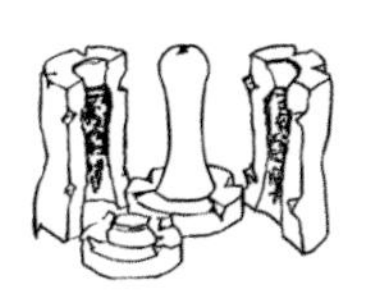

■ 内范制成

■ 合范、制作浇铸孔、浇铸

■ 取物

1.1.7 其他铸造工艺

也有一些艺术家用木块、麦秸、土豆等材料进行实验性质的金属铸造工艺，这种非工业化的铸造技术由于不可控因素相对较多，在操作的过程中可能会出现一些随机性的效果，铸造出的作品具有不可复制性，对于艺术创作来说趣味性更浓。

■ Taehee In，木块铸造工艺创作的首饰作品

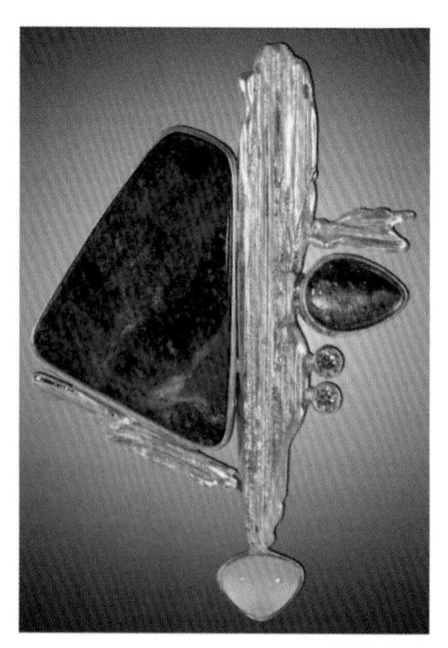

■ 麦秸铸造工艺

将麦秸捆绑后浸湿，金属熔化后浇入麦秸中，凝固后会形成该工艺特有的肌理效果

第 2 章

首饰蜡模塑型工艺

2.1 首饰用蜡的种类及特性

首饰用蜡品类繁多，每种蜡都有相应的特性与适合的制作工艺。下面为大家介绍几类首饰制作常用蜡。

■ 雕刻蜡砖

2.1.1 首饰雕刻专用石蜡

■ 雕刻蜡片

用于手工雕刻的蜡通常硬度较高、柔韧性佳、质地细腻，雕刻时可表现更多细节；蜡的颜色多为墨绿色，相对其他色彩可更好地缓解雕刻者的视觉疲劳；雕刻用蜡的形状和型号有很多种，常见的款式有蜡砖、蜡片、蜡柱、中空戒指蜡等，可根据首饰作品的大小、薄厚以及款式选择合适形状的雕刻蜡，这样不仅落料更便捷，同时也能节省原料。

2.1.2 精密铸造珠状蜡

■ 雕刻蜡柱

■ 雕刻中空戒指蜡

精密铸造蜡常用于橡胶、硅胶模具注蜡成型和 3D 打印喷蜡工艺，是一种珠状的颗粒蜡；该材料主要成分为石蜡、合成树脂等，熔注温度约为 75℃。该系列蜡又细分为 K 金蜡、钢模蜡、微镶蜡、硬金蜡、镶嵌蜡等，可根据季节温度、蜡模工艺、铸造金属等的不同来选取相匹配的珠状蜡进行使用。此类铸造蜡须满足下列条件：硬度大、强度高、韧性强、熔点高、不易变形、易焊接、加热时成分变化少、膨胀系数低、燃烧后残留灰分少，同时由于使用量大，价格也相对低廉。

■ 微镶蜡　■ 微镶蜡　■ 钢模蜡　■ 硬金蜡

通常情况下，制造商会用颜色区分铸造蜡系列，例如天蓝色、湖蓝色是微镶蜡，红色是钢模蜡，绿色是硬金蜡等。不同品牌的铸造蜡颜色配比也有所不同。

2.1.3　软蜡

软蜡的硬度和熔点都较低，通常情况下可利用手温、热水、吹风机进行加热软化塑型，有部分软蜡甚至不需要加温就能够进行弯曲、折叠等操作。由于软蜡容易变形，所以修整起来也非常容易，可放置于光滑的玻璃板上，用擀杖擀压形成水平面；软蜡更适合制作比较自由或抽象灵动的首饰造型，例如流水波浪、花叶藤蔓等。软蜡还可以和各种压痕模具结合使用，压制出多种肌理，也可运用编织工艺制作造型，我们可以把它当成一种蜡制黏土来进行工艺操作，是一种便捷的首饰塑型材料。

软蜡通常分为以下几类。

1. 软蜡线

粗细规格多样的线状软蜡，除了可用于塑型之外，在首饰浇铸的时候也经常会用软蜡线制作注水口。

■ 软蜡线

2. 软蜡片

这类软蜡是厚度规格多样的片状软蜡，常用的软蜡片厚度有0.5mm、0.6mm、0.8mm、1.0mm 等。

■ 软蜡片

3. 手捏塑型蜂蜡

这类软蜡是由天然蜂蜡、微晶蜡、松节油等材料制成的块状蜡，柔韧性极好、熔点较低，手温加热即可进行按捏塑型。

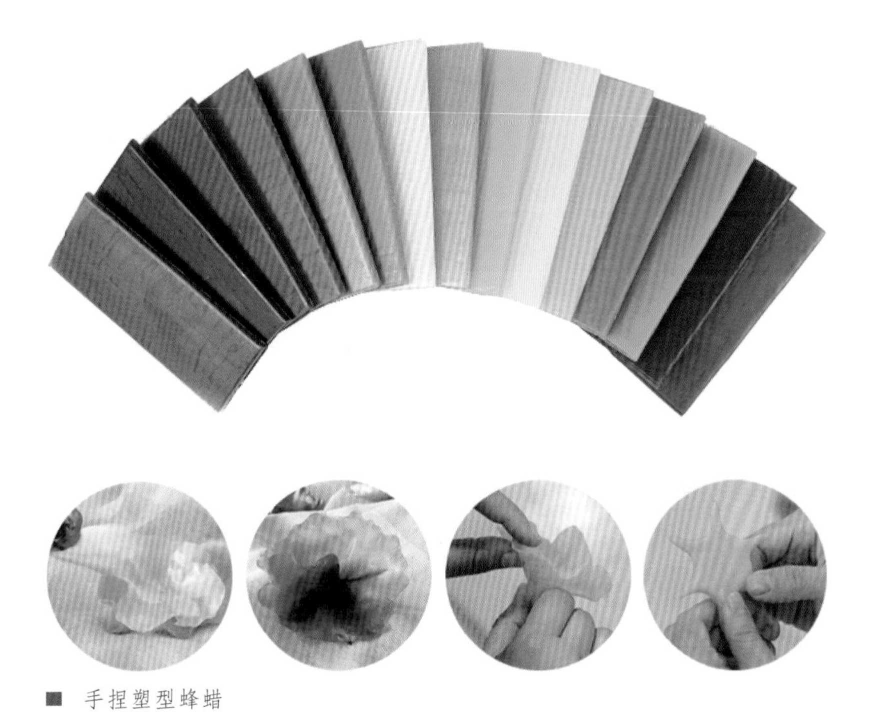

■ 手捏塑型蜂蜡

2.2　传统蜡雕塑型工艺

蜡雕是首饰制作中最基本也是最常用的塑型工艺之一。能工巧匠们运用各种雕刻、打磨工具对首饰专用石蜡块、蜡片等材料进行精心雕琢，制作出首饰蜡模，然后再运用金属铸造工艺将蜡模翻铸成金属首饰。所以，蜡雕是一项非常考验工匠审美造诣和手工技术的工艺，也是一项值得长时间学习、实操的首饰塑型艺术。

随着科技的发展，快速成型即 3D 打印技术日益完善，许多商业款首饰运用 3D 软件设计建模，并连接 3D 喷蜡机进行蜡模制作，省去了人工蜡雕步骤。而更先进的 3D 打印技术还可以将建模后的首饰设计图直接打印成金属成品。这样的科技对手工蜡雕行业有一定影响，但手工蜡雕是一项具有人文性、温度感的艺术创作手法，许多细节方面的刻画是 3D 建模无法替代的，如仿生类动植物、人物等，都需要功底深厚的蜡雕匠人来完成，而一些特殊肌理的雕刻，如树皮、龟裂纹、水波等，也同样需要手工完成才更能显示出作品的灵动和自由。所以，传统的手工蜡雕工艺也一直运用于高级珠宝定制和艺术家作品创作当中。

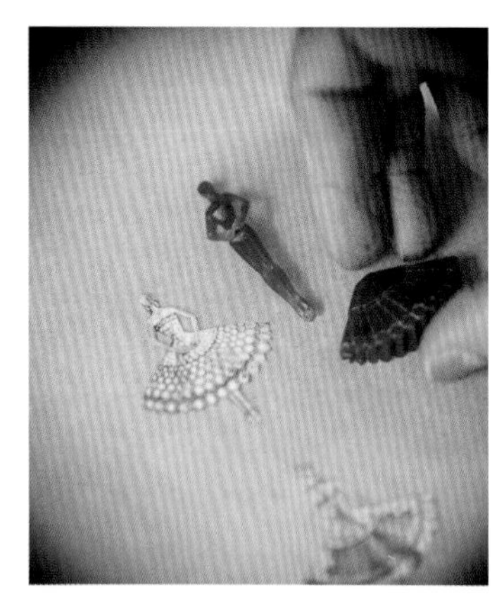

■ 梵克雅宝（Van Cleef & Arpels），蜡雕工艺制作流程

2.2.1 蜡雕工艺基础工具

蜡雕工具繁多，但操作方式基本分为锯切、锉型、雕刻、刮光、焊接、车铣、钻孔、打磨等几大项目。由于石蜡硬度较低，只要可以改变其造型的工具都能运用到蜡雕制作当中，大家也可以发挥想象力，自己制作工具。

首饰雕刻专用石蜡多为墨绿色，有块状、片状、条状、戒指状等，可根据设计图的形态大小进行选择。参见第 2 章 2.1.1。

■ 锯弓、蜡锯条

■ 蜡锉刀

蜡锯条：是一种螺旋齿状的锯条，多用于蜡块分割下料。

蜡锉刀：常用于蜡模整体形态的修整。

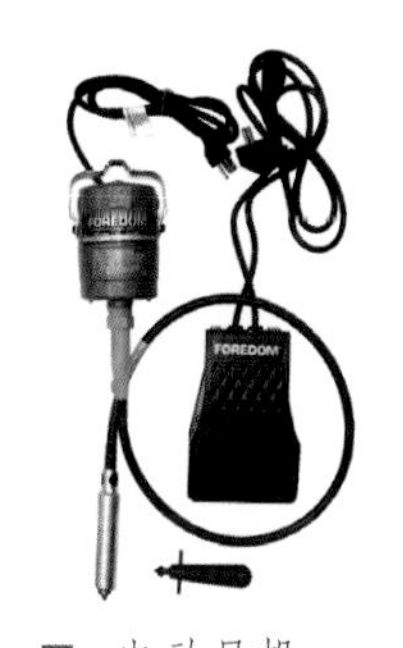

■ 电动吊机

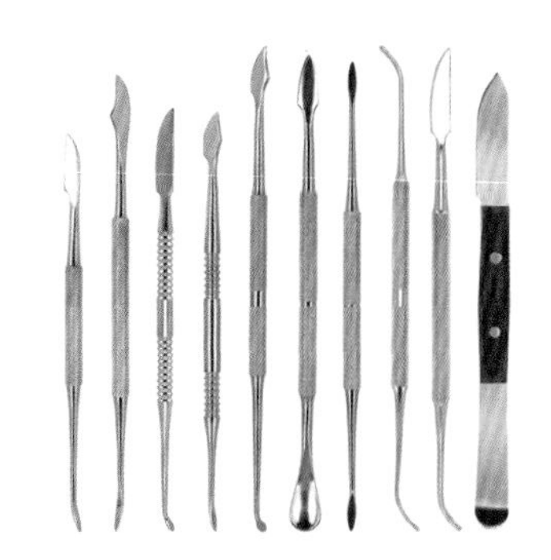

■ 雕刻刀类

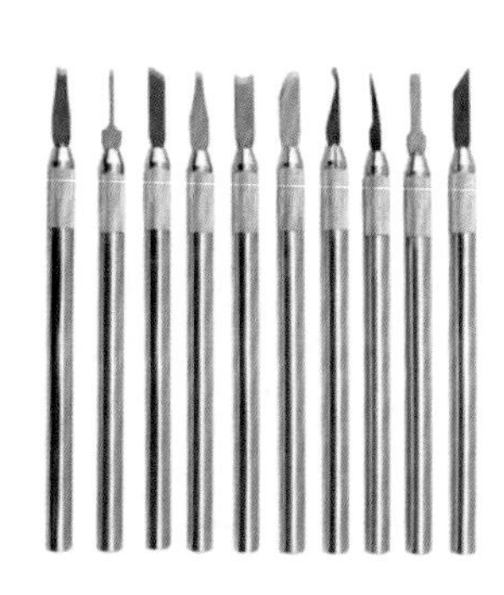

■ 刮刀类

■ 系列铣刀

雕刻刀类：刻刀款式丰富，雕刻细节时常用到该工具，许多老匠人还会根据自己的操作习惯制作专用的雕刻刀头。

刮刀类：在蜡雕过程中主要用于修整步骤，可将蜡模内外处理光滑。

电动吊机、系列铣刀：电动吊机配合不同形状的铣刀，可迅速雕刻蜡模，起到事半功倍的效果，也是蜡雕中最常用的工具之一。

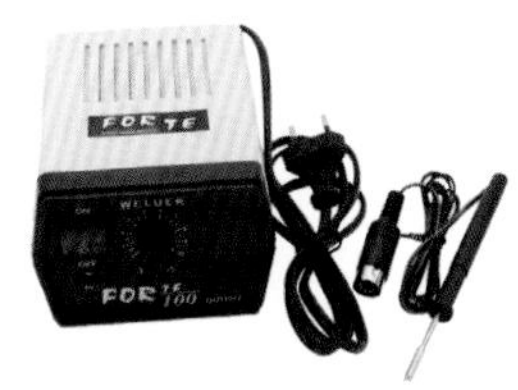

■ 焊蜡机

焊蜡机、蜡雕电烙铁：如用蜡雕电烙铁进行制作，需用尺寸不同的几种细铜丝缠绕在烙铁的金属头上，可选用直径 1mm、0.5mm、0.3mm 的铜丝。粗铜丝靠近手柄、细铜丝靠近烙铁头依次进行缠绕，细铜丝缠绕完毕后需留出长于烙铁头 2mm 的长度，最后再将多余的部分剪断即可。铜丝有着很好的导热作用，电烙铁加热后传递到细铜丝头上，即可用细铜丝部分对蜡块进行点焊、修饰等。

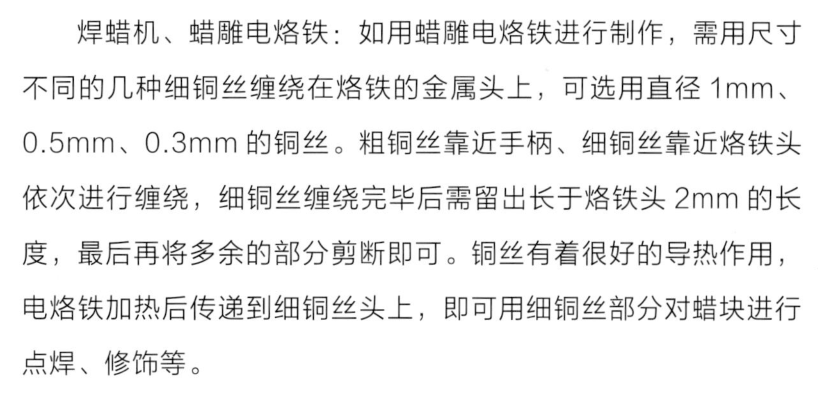

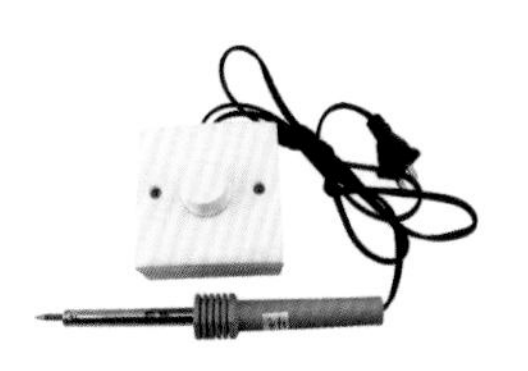

■ 蜡雕电烙铁

测量工具有游标卡尺、直尺、内测尺、圆规等。

打磨工具有砂纸、铜扫、打磨抛光类吊机头等。

2.2.2　蜡雕基础工艺流程

1. 年轮戒指蜡雕（步骤示范：谢白）

1

根据作品设计的款式和大小用蜡锯锯下一段适当大小的戒指蜡

2

用蜡锉刀将戒指蜡的两个截面打磨平整

3

用尺子、圆规等工具在戒指蜡上划出尺寸和戒指大体形态

4

用蜡锯锯掉多余的部分

5

用蜡锉刀修整毛刺

6

用蜡锉刀进一步修整大型，去掉蜡戒四周的边角

7

试戴戒圈，准备调整戒圈尺寸

8

将专用戒圈修整工具插入蜡戒圈，并轻轻旋转，工具上自带的刀片可以均匀地去除多余的蜡，扩大戒圈内部尺寸

9

经过蜡锉刀的进一步修整，蜡戒的基本型就做出来了

10

用电动吊机配合适当的铣刀头对戒面进行造型，除去多余的蜡

11

将戒指内部进行掏底，去除多余的蜡，使戒指变得更加灵动，同时也可以减少铸造时金属的用量；这一步可以先用铣刀去除大部分蜡，再用刻刀、刮刀等工具进行细致的刮除

12

用电动吊机搭配精致的牙针头雕刻戒指表面的树皮肌理，再用刻刀进行细节处理，此时我们可以寻找一些天然树皮或图片进行参考，这样可以更加生动准确地表达作品

13

雕刻完毕后进行焊接水口、植蜡树等一系列铸造操作，最终将作品浇铸成金属材质

2. 响尾蛇蜡雕（步骤示范：显若工作室）

1

取适量的蜡柱，用雕刻刀进行总体的修型，刻出主要部位的走向

2

用焊蜡机或电烙铁对雕件进行细节修整，进行体积造型的加减

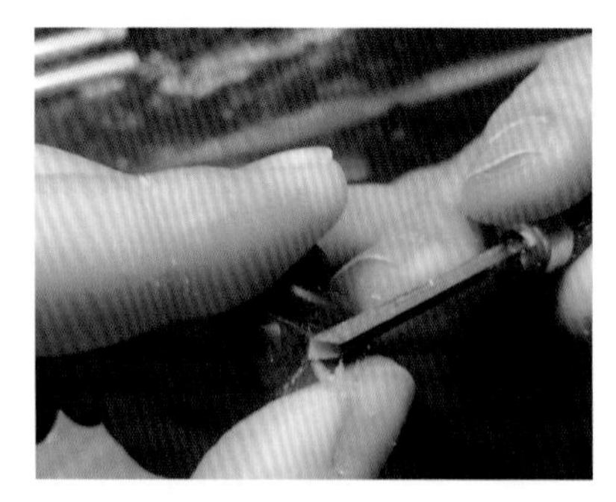

3

用平头刻刀进行细节雕刻，雕件的整体造型就做出来了

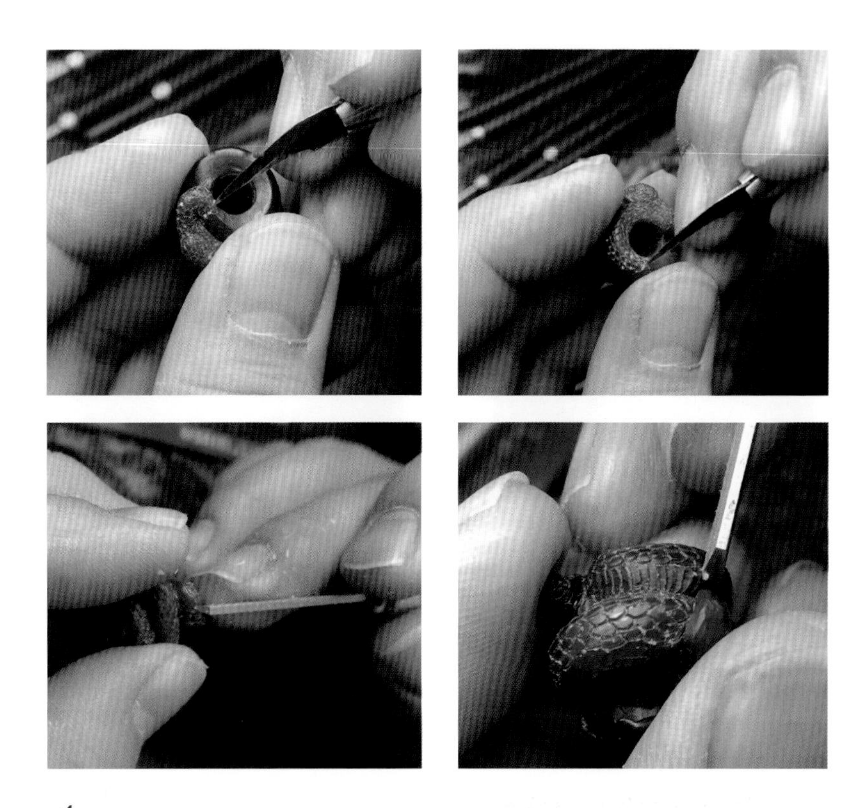

4

运用不同功能的刻刀对动物身上的鳞片肌理进行细致雕刻

5

清除蜡屑，作品就雕刻完成了

3. 大明王朝头盔蜡雕（步骤示范：显若工作室）

■ 大明王朝头盔，黄铜做旧、925 银做旧

1

根据作品大小落好蜡料，用蜡锉进行型体的修整后，再结合焊蜡机或电烙铁进行细节的增减

2

用各种雕刻刀、刮刀进行进一步的修饰

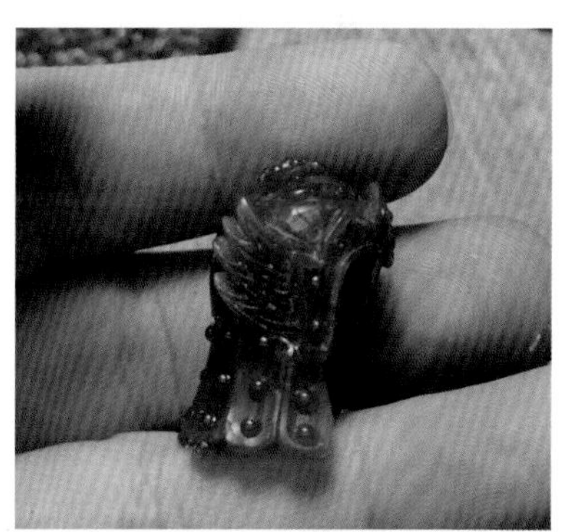

3

制作的时候要不断观察雕件的各个角度，任何细节都不能够忽视

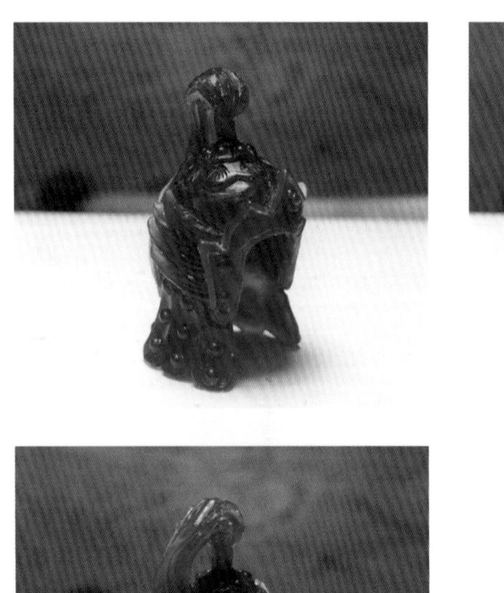

4

调整细节，作品雕刻完毕

■ 大明王朝头盔，黄铜做旧

4. 大明神机营火枪兵蜡雕（步骤示范：显若工作室）

■ 大明神机营火枪兵，做旧效果，925 银

1

用蜡锯落料

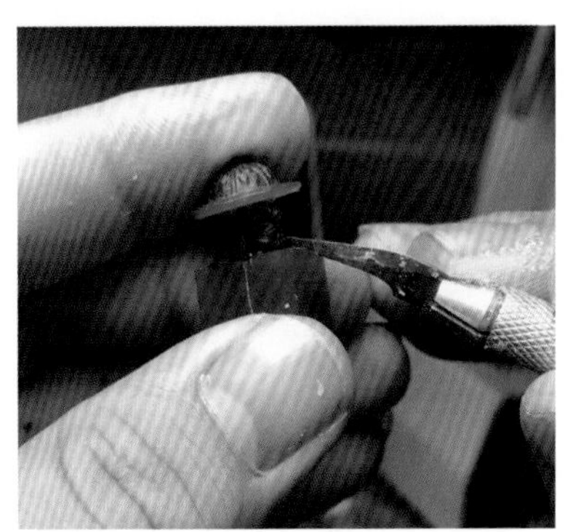

2

根据设计稿件雕刻出头部

3

雕刻较复杂的作品时，可将其分成多个部件分开雕刻，之后再用拼接点焊的方式连接起来，这样不仅可以节省蜡料，同时也减少了许多去蜡工作；该案例中，士兵的上半身、下半身和枪杆部分就是分开雕刻后再焊接起来的

4

用蜡锉进行大面积修锉后，整个雕件的大体造型即搭建完毕

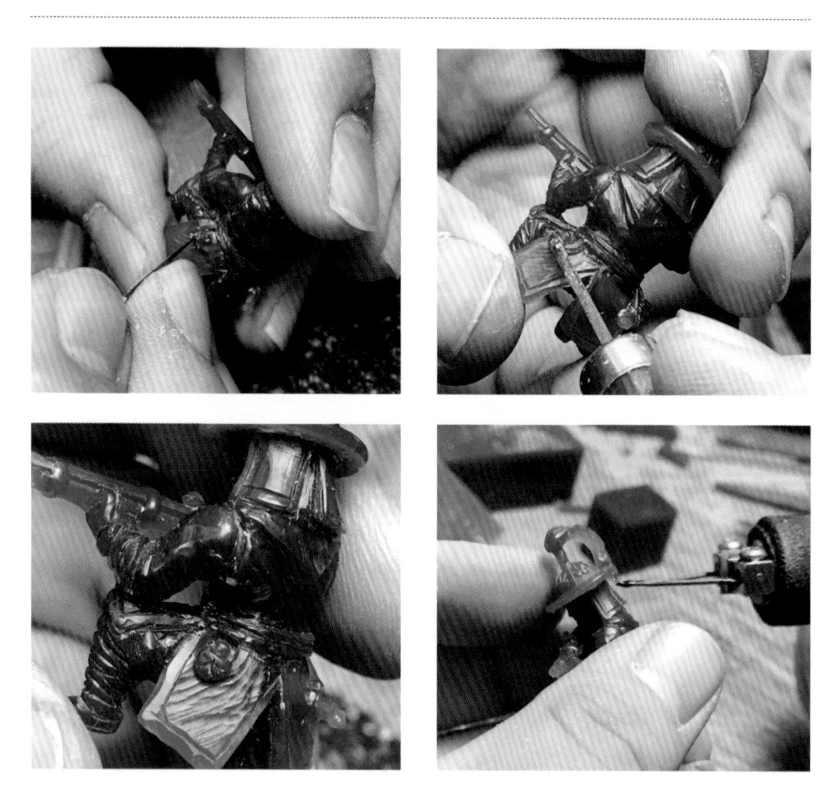

5

用各种刻刀以及焊蜡机等工具对雕件进行细节处理，对于一些灵巧又相对独立的地方，如士兵帽子上的装饰部分，我们一般在整体雕刻基本完成后再将其焊接，最后单独雕刻，以免过早焊接在后续雕刻过程中不小心碰碎

6

整体观察雕件的每个角度，达到效果后，该作品的蜡雕部分就完成了

■ 大明神机营火枪兵，做旧效果，925银

2.3 熔蜡遇水成型工艺

在首饰塑型的创作当中，我们可以展开思路，通过分析蜡材质的特性，运用一些趣味性、自然性的实验方法进行塑型创作。例如：可利用蜡不溶于水的原理进行熔蜡遇水成型实验，通过这样的方法，可得到传统蜡雕工艺制作不出的特殊效果，并且每个造型都是独一无二的，过程充满了艺术探索的趣味性。

2.3.1 熔蜡遇水成型基础材料工具

■ 酒精灯实验套装

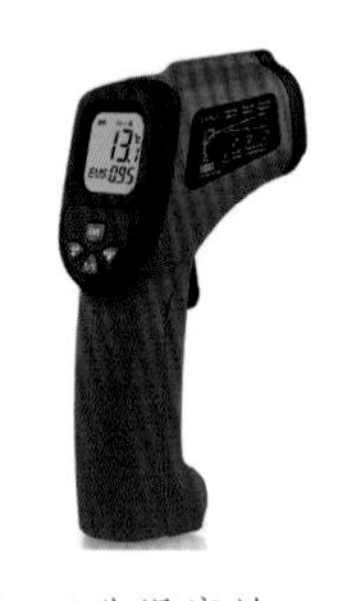

■ 工业温度计

精密铸造珠状蜡：铸造珠状蜡的硬度较高，成型后易于保存；也可用普通石蜡代替。

清水。

酒精灯实验套装：含酒精灯、支架、耐火石棉网。可准备两套，一套用于熔蜡，一套用于调整水温。

刻度烧杯或加热金属碗：准备一套大小不同的烧杯。

烧杯搅拌棒：通常可选用玻璃材质的搅拌棒。

镊子：用来夹取金属碗。

隔热手套：取烧杯时佩戴。

工业温度计：用于在实验过程中记录蜡温和水温，可选取红外线手持遥测温度计，该类温度计的测量范围为 -32℃ ~ 950℃，完全满足熔蜡遇水实验的需求。

2.3.2 熔蜡遇水成型实验流程

取适量精密铸造球状蜡放入烧杯或金属碗中，用酒精灯加热熔化后倒入水中进行塑型实验。其中，蜡入水后形成的造型与蜡温、水温有较大关系，可进行多次温控实验，记录水温、蜡温、比重等数据，为蜡模塑型工艺的把控提供更多参考。

1

取适量的铸造蜡放入加热金属碗或刻度烧杯，用酒精灯进行加热

2

蜡熔化后，倒入准备好的清水中开始塑型实验

3

蜡和水的温度，以及倒入水中的速度和方式都会影响成型的效果，我们可以用远红外工业温度计记录每次实验时材料的温度数据，方便今后的总结研究

4

如果蜡温高，水温低，蜡入水迅速，一般情况下会凝结成蜡块；这时蜡的表皮已经凝固，但内部还是液体，如想改变其形状可以迅速取出后进行捏制等操作

5

如果蜡与水的温差不大，且蜡入水较慢，一般情况下蜡会形成一层皮浮在水面上，此时如果希望改变其形态，需用玻璃搅拌棒迅速将在水中尚未完全冷却的蜡皮进行缠绕，便可得到成型的蜡体

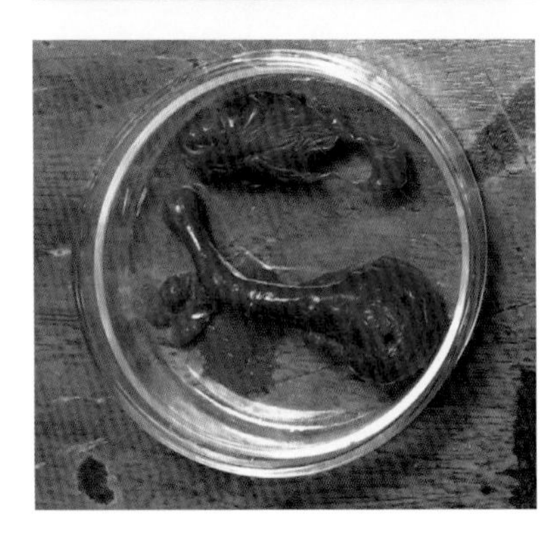

6

还有许多种实验方法，可得到褶皱蜡模、气泡蜡模等多样的具有自然肌理的形态，这些都可以运用到以后的艺术创作中来，具有趣味性、探索实验性

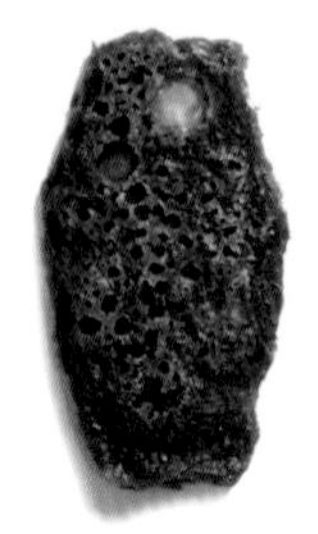

■　熔蜡遇水成型的实验蜡块

2.4　软蜡塑型工艺

软蜡塑型是一项趣味十足的混合类工艺，由于材质柔软易塑，我们可以将雕塑、编织、剪纸、切割、陶艺等技法融入软蜡塑型的工艺当中，开启天马行空的思路来进行创作。通过这种塑型工艺制作出来的作品风格迥异，是许多艺术家经常运用的创作方式。

■ Oraïk，Rite of Passage，戒指， 22k 金、钻石、珐琅

■ Oraïk，Satyr，戒指，22k 金、青金石、蓝宝石

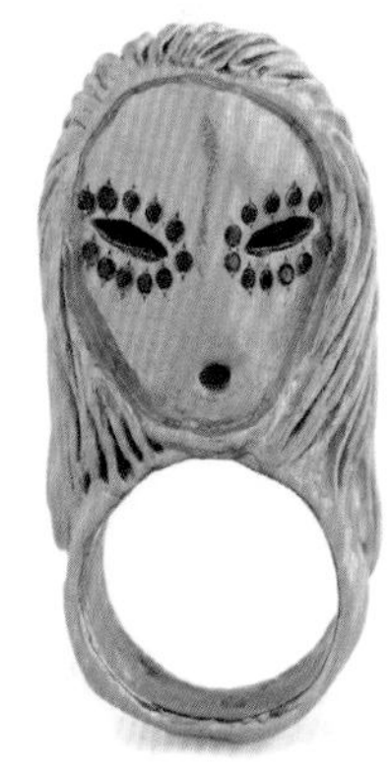

■ Oraïk，Chanteuse of Songs of Life and Death，戒指，22k 金、黑钻

2.4.1　软蜡塑型的基础材料工具

软蜡线：粗细规格多样的线状软蜡。可利用编织、搓揉等工艺塑型。参见第 2 章 2.1.3。

软蜡片：厚度规格多样的片状软蜡。可利用裁剪、编织的工艺塑型。参见第 2 章 2.1.3。

手捏塑型蜂蜡：柔韧性极好、熔点较低，手温加热即可进行按捏塑型，主要材料以天然蜂蜡为主，是一种具有黏土塑型功能的蜡。参见第 2 章 2.1.3。

滑石粉 / 爽身粉：防止软蜡与工具等粘连。

焊蜡机 / 电烙铁：进行点焊、塑型、粘接等。参见第 2 章 2.2.1。

加热工具：软蜡制作过程中如需要高于手温的温度，可用热水袋、电吹风、酒精灯进行加热。

502 胶水：软蜡模型制作完毕后可涂上一层 502 胶水，这样可以提高软蜡的硬度，使其不易变形。

雕刻刀：蜡雕刀、塑型木制刀等。

小擀杖。

测量工具：直尺、三角板、曲线板、圆规等。

各类剪刀：普通剪刀、花边剪刀都可以准备。

刀具：美工刀、手术刀。

打孔器：普通打孔器、造型打孔器。

蜡雕工艺基础工具：参见第 2 章 2.2.1。

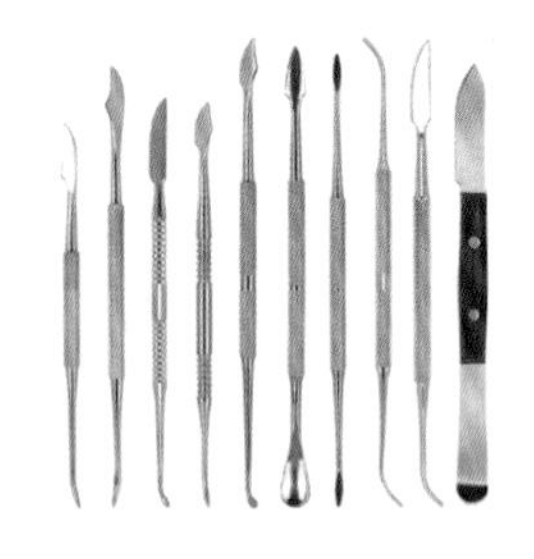
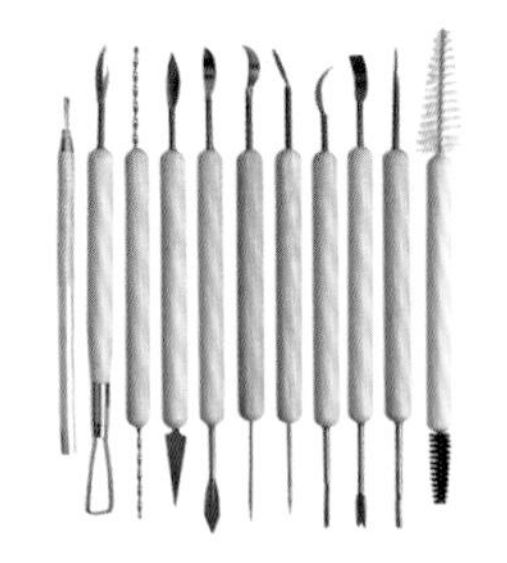
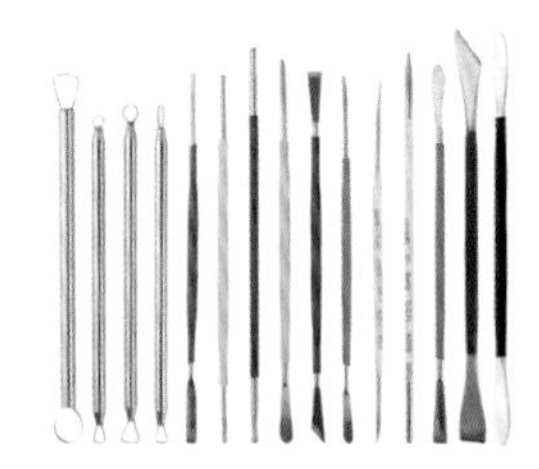

■ 蜡雕刀、塑型木制刀

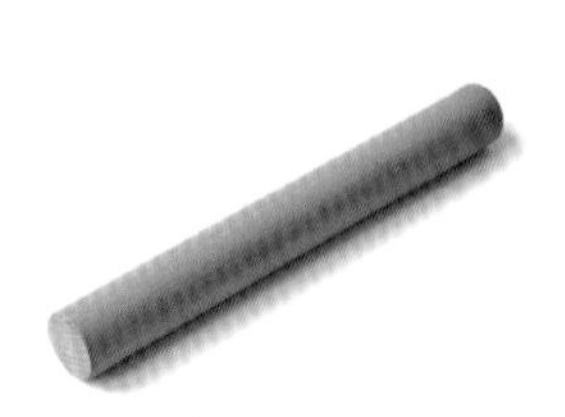

■ 小擀杖

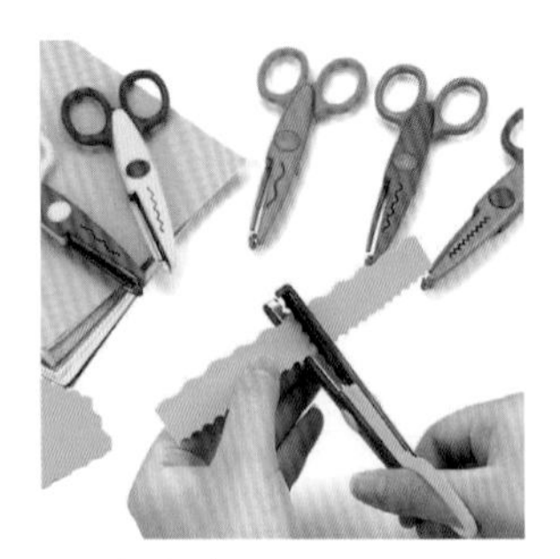

■ 各类剪刀

■ 打孔器

2.4.2　软蜡塑型的基础技法

1. 切割修剪

运用各类剪切工具如剪刀、美工刀、手术刀等，对蜡线、蜡片以及手捏蜡进行切割塑型。

■ 钢尺、美工刀切割软蜡片

■ 各类剪刀剪切软蜡片

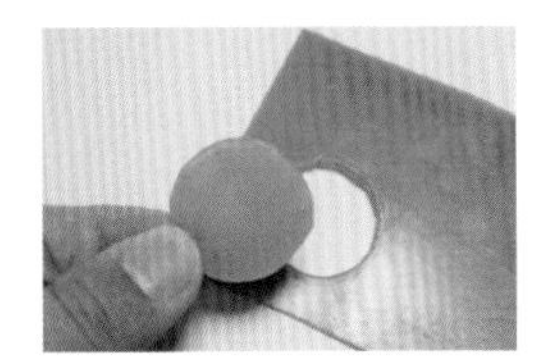
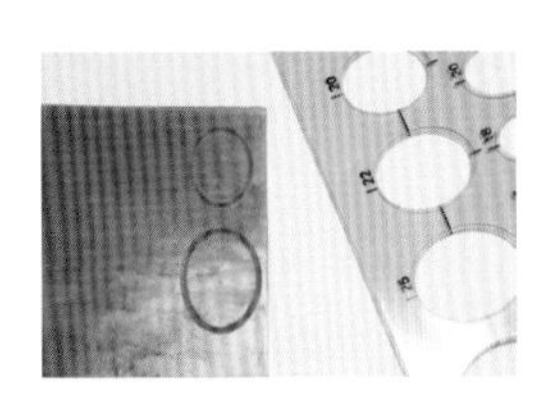

■ 用钢针在软蜡片上划出较深的痕迹，沿着痕迹即可将需切割的图形掰下来

2. 碾压搓揉

运用小擀杖或光滑的圆柱形物体对软蜡进行碾压，达到所需的厚度。注意，需要在蜡片或手捏蜡上面先撒上少许滑石粉或爽身粉，避免蜡与擀杖粘连。

1

准备好爽身粉、塑料布和适量软蜡

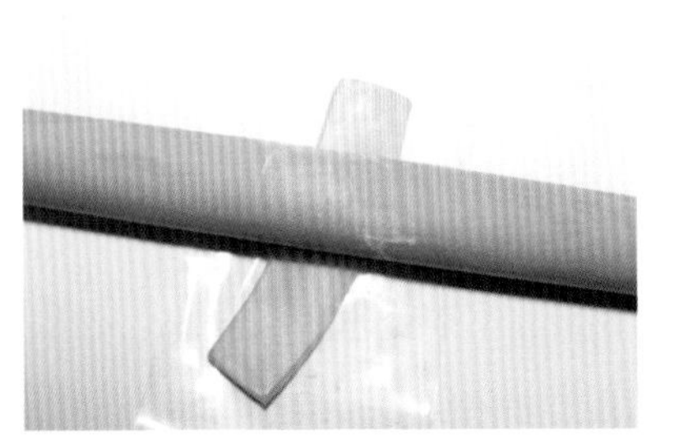

2

将滑石粉撒在塑料布、软蜡和擀杖上，再进行碾压，避免物体和软蜡粘连

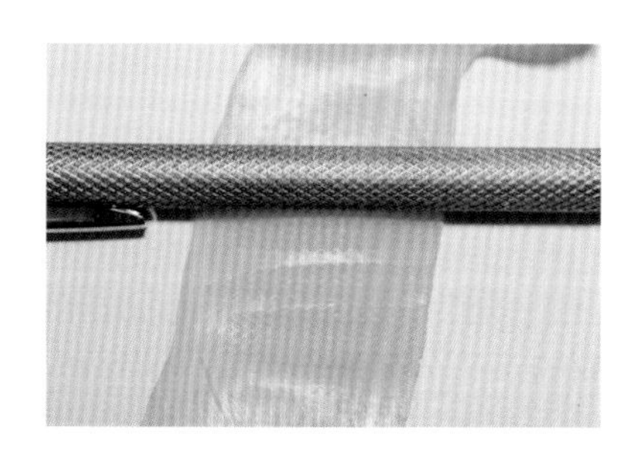

3

也可用有纹理的物品进行碾压，在软蜡上呈现各种图案肌理

3. 捏塑造型

手工捏制，同时可配合雕塑木刀等工具对软蜡进行塑型，操作及搭配手法可根据个人特色进行实验。这种工艺最适合运用手捏蜡进行操作，我们可以将手捏蜡想象成黏土进行塑造。如果冬天手温较低，可以用热水袋、电吹风、热水加热后进行捏塑造型。

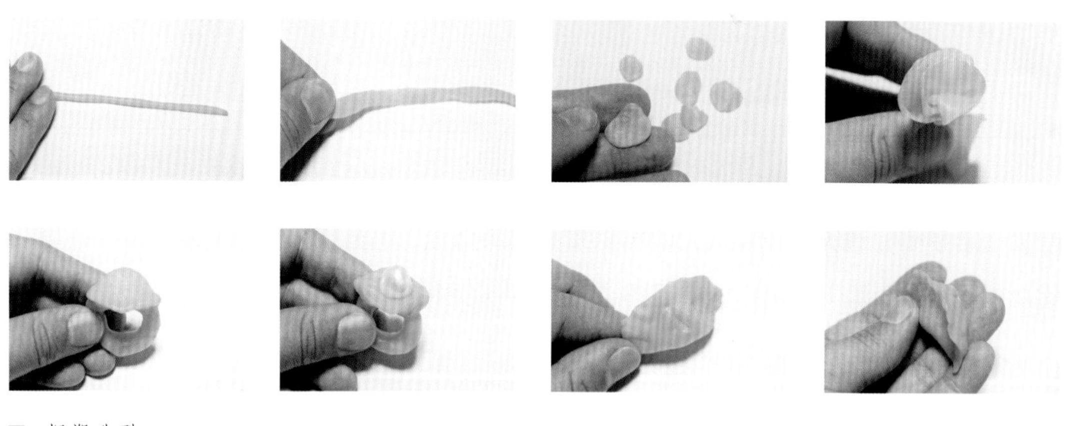

■ 捏塑造型

4. 熔接粘连

运用焊蜡机、电烙铁、加热后的钢针等工具将蜡熔化后进行连接、点蜡珠等工艺操作。

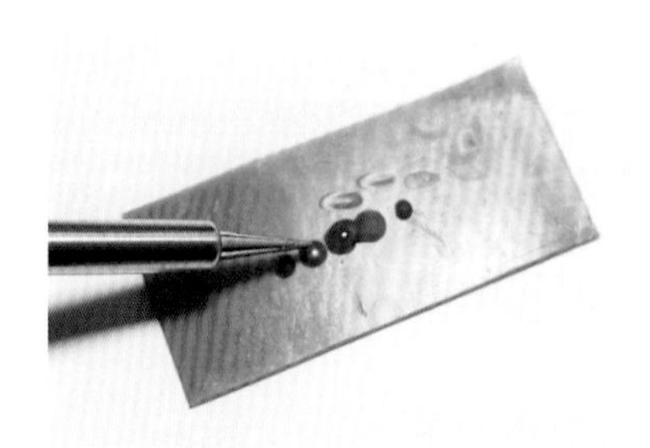

1

电烙铁点蜡珠

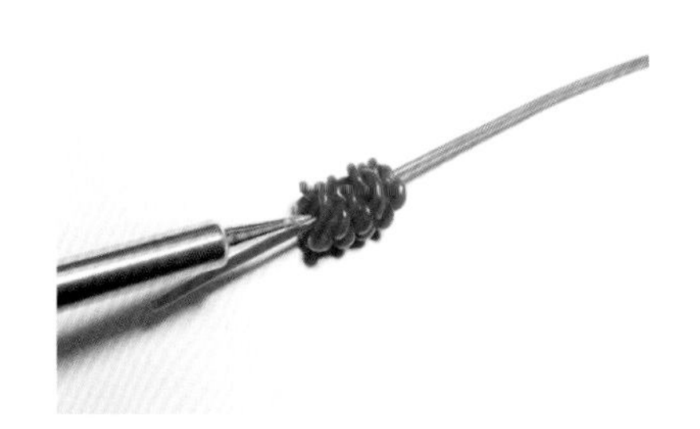

2

电烙铁焊接软蜡

5. 折叠折痕

将软蜡进行折叠等工艺操作，常选取较薄的软蜡片，如果希望折痕光滑匀称，可用美工刀、手术刀或钢针在软蜡片上先割出线条，然后再顺着线条进行折叠。

1

先用美工刀在软蜡片上根据设计需要轻轻刻出划痕，千万不要刻太深或刻断

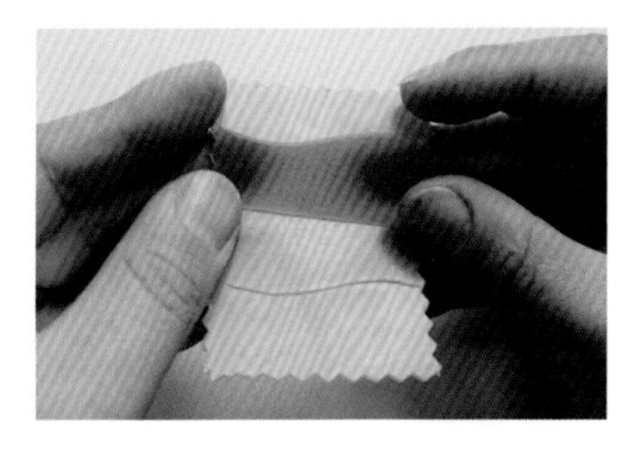

2

按照刻痕的走向轻轻折叠即可

6. 打洞切花

可运用曲线版、钢针等工具在软蜡片上进行图形切割，也可运用现有的打洞、切花工具进行切割。

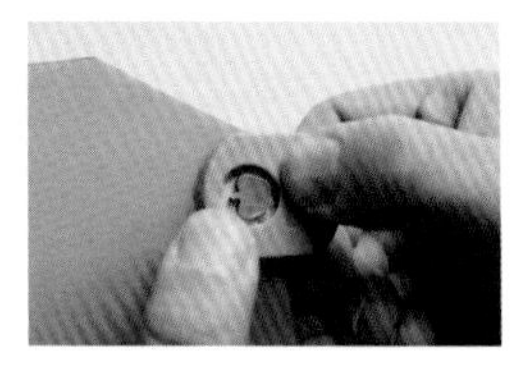

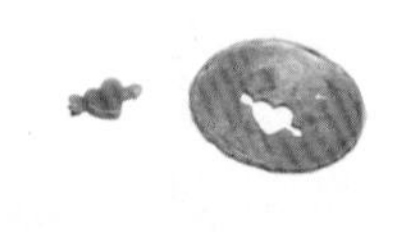

■ 用切花工具对软蜡片进行图案切割

7. 扭转弯曲

可将软蜡线按照所需的图案进行弯曲塑型，也可将两条以上的软蜡线扭成麻花状，再进行其他造型。

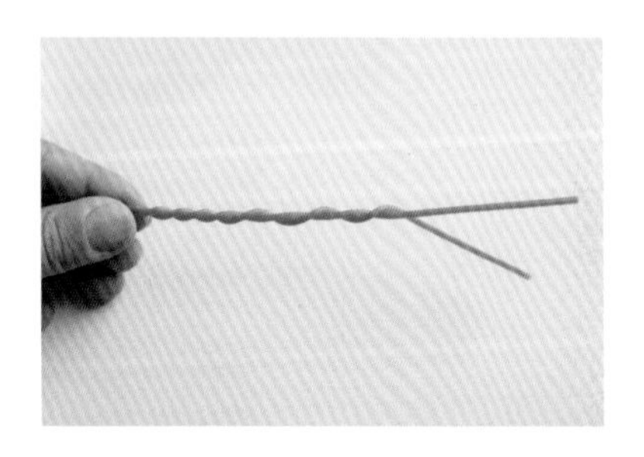
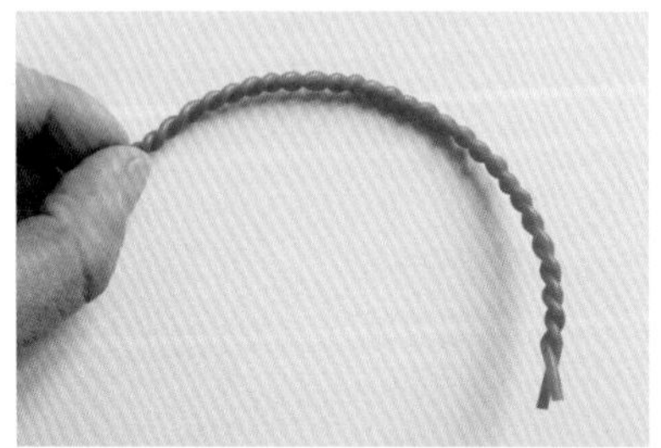

1

像扭搓绳子一样，将两根软蜡线扭搓成麻花状

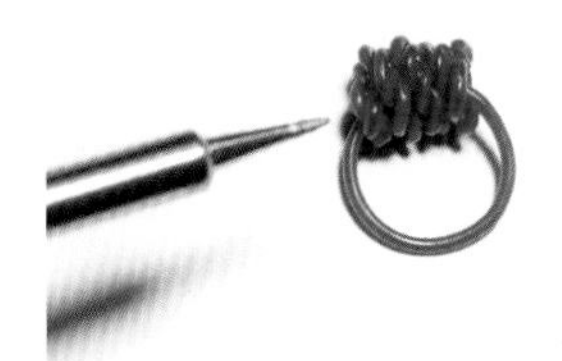

2

取一根单独的软蜡线，将之前做好的麻花软蜡线缠绕在上面

3

切去多余的蜡，用电烙铁焊接收口，一枚软蜡线戒指就做好了

8. 穿插编织

可将多条软蜡线或切割成条状后的软蜡片进行编织塑型。运用草编、绳编、毛衣编织等工艺思路进行创作，这是软蜡工艺特有的效果，硬蜡无法替代。

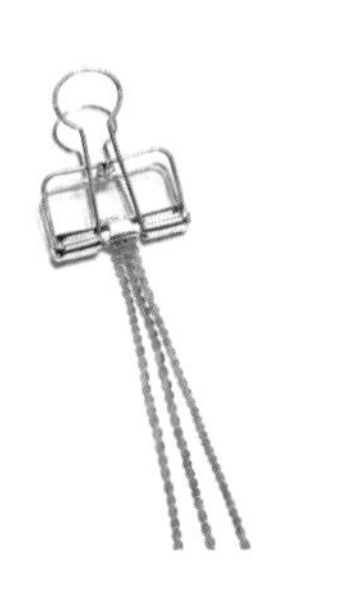

1

将三条麻花软蜡线平行地夹在一起

2

用三股辫绳法进行编织

3
将编织好的软蜡缠绕在戒指棒上塑型，切去多余部分

4
用电烙铁焊接接口，编织软蜡戒指就制作完毕了

■ 可以用多种编织方法制作软蜡线首饰

9. 拓印压花

选取好拓印品后，可运用圆润的橡皮将图案纹路拓印在软蜡上，注意，需先将滑石粉或爽身粉涂在软蜡上，以免蜡与物品粘连。通常我们会选择手捏蜡进行拓印压花。

1
准备好拓印物品、软蜡，并将爽身粉均匀地涂抹在物品和软蜡上

2

将软蜡片放在需拓印的物品上，用橡皮均匀地按压，使图案转拓到软蜡上

3

拓印好后，轻轻掀起软蜡，避免拉扯变形

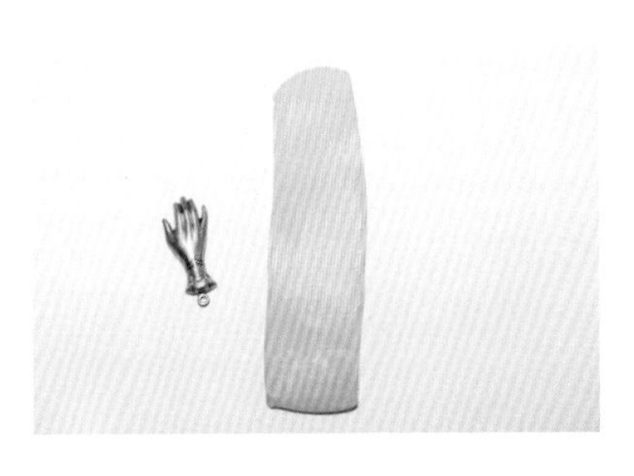

4

用拓印的方法可以将许多浮雕类图案、物品转拓到软蜡上来，这样可以更加简便地复制图案和物品

10. 固定收纳

由于软蜡柔软度较高，为了避免变形，在制作完毕后需要对其造型进行“加固”，可将水性 502 胶水均匀地涂抹在软蜡模型的后面，这样可以避免胶水痕迹留在正面，减少浇铸成金属后正面出现不平整问题的可能性，如果需要在正面加固，则需尽量轻薄均匀地涂抹。胶水涂抹过多时，可用棉棒轻轻吸掉。待胶水完全干透后，装入容器中收纳，如果容器较大，可填充一些纸巾或棉球来防震；如果天气较热，或暂时不进行金属浇铸，也可将软蜡模型放入冰箱冷藏或冷水容器中保存。需要注意的是，千万不要将软蜡模型放在冰箱的冷冻室，这样会使软蜡变脆、易碎。

1

用速干液体水性 502 胶水尽量均匀地涂抹在制作好的软蜡首饰表面，自然风干后可加固软蜡的硬度，起到保持造型的作用

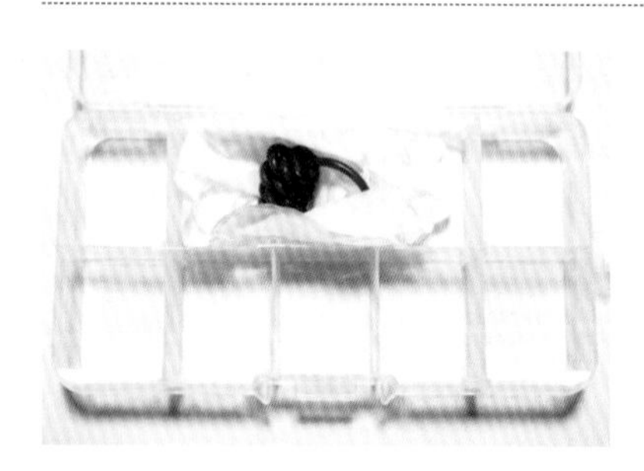

2

在等待金属浇铸的时候，可用餐巾纸、棉球等防震物包裹软蜡，放入容器中收纳，避免软蜡首饰受损

11. 浇铸金属

软蜡模型可采用失蜡铸造法浇铸成不同的金属模型，经过抛光打磨制成美丽的珠宝首饰。

2.5 当代数据化成型技术

当代成型加工技术常用的操作方式分两大类: 一类为增加法，另一类为去除法。增加法的代表为 3D 打印成型技术，去除法的代表为 CNC 数控雕刻成型技术，这两种数据化成型技术也经常运用到珠宝首饰的设计与加工当中。

2.5.1 3D 打印技术

3D 打印（3D Printing）的思潮起源于 19 世纪末的美国，在 20 世纪 80 年代中期，快速成型技术 Rapid Prototyping（简称 RP）逐渐发展起来，3D 打印技术就是一系列快速成型技术的总称。该技术只需直接导入产品设计的 CAD 模型数据，即可快速制造出模具、模型甚至成品，因此，可大大缩短产品的开发周期，降低成本、提高质量。3D 打印技术发展至今，应用的范围非常广泛，涵盖了社会各行各业，如科技、建筑、工业、医学、食品、艺术设计等。上至航天飞船，下至蛋糕小吃，处处可见 3D 打印技术的身影，首饰行业也不例外，珠宝软件的开发与 3D 打印技术成熟接轨后，开启了珠宝设计制作的另一扇大门。珠宝软件将设计变得更加易操作、易修改、易呈现视觉效果以及易控制成本，同时结合 3D 打印技术可将其迅速转换制作出 1∶1 的首饰成品，将首饰设计制作中人力与物力的耗费降到最低，取得事半功倍的效果。

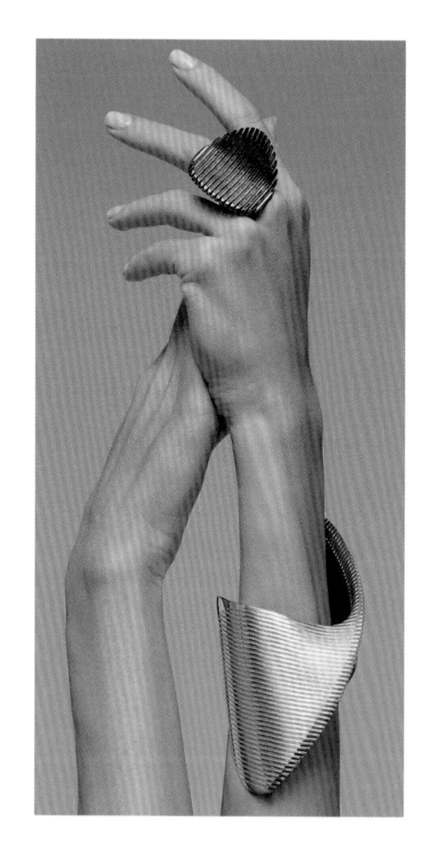

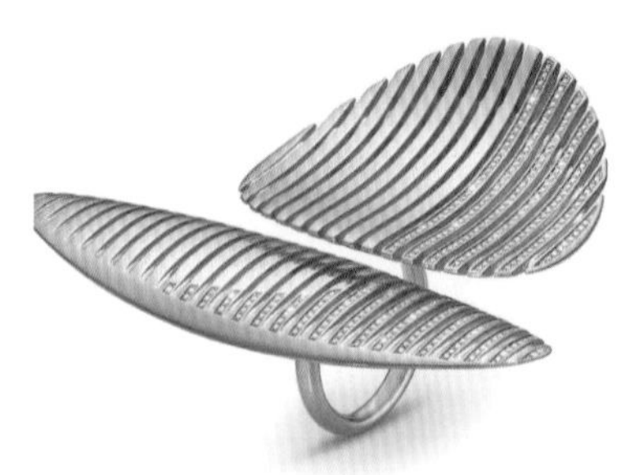

■ Georg Jensen × Zaha Hadid 系列珠宝

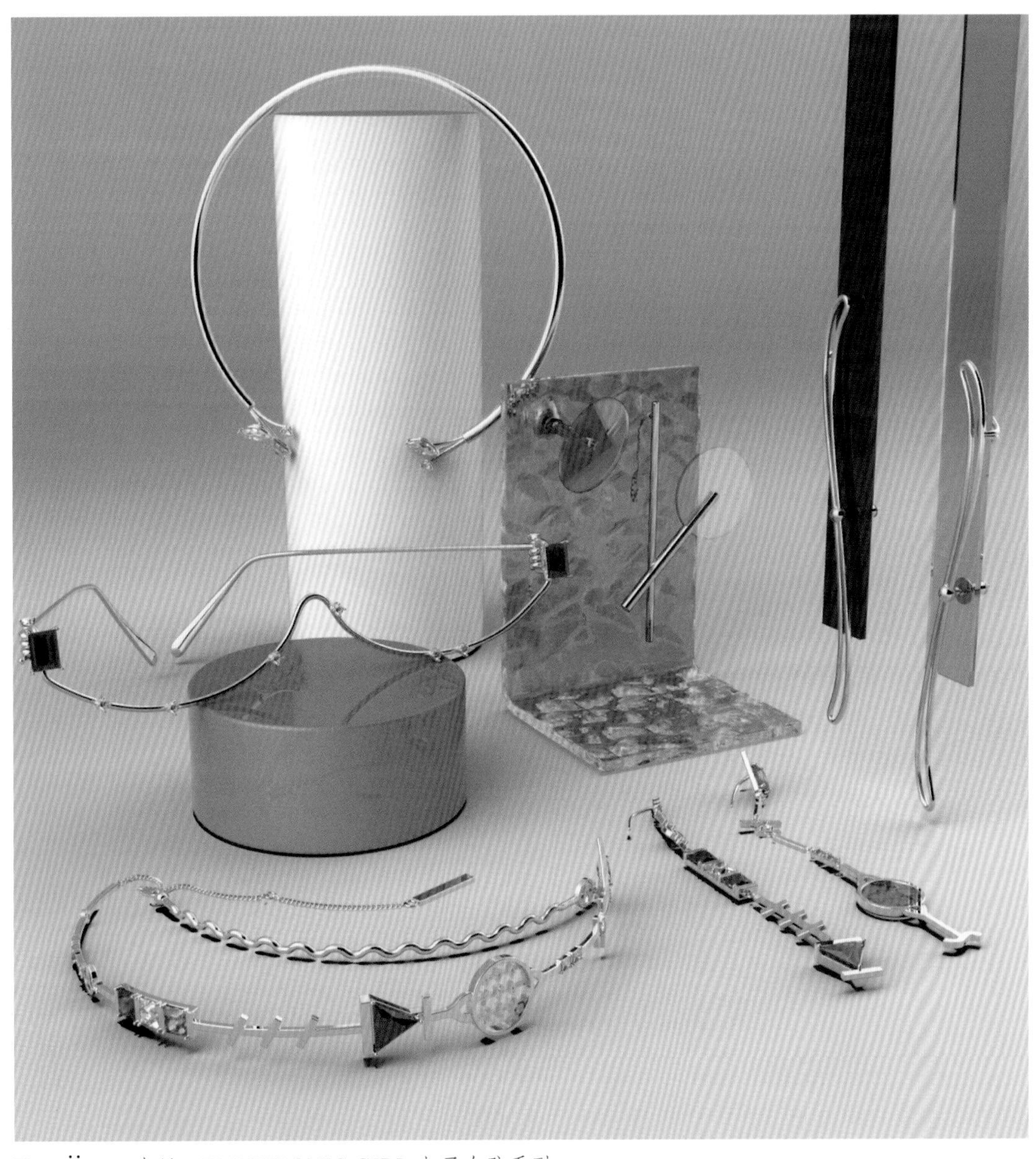

■ YŸMIN 尤目，ELECTRONIC GIRL 电子女孩系列

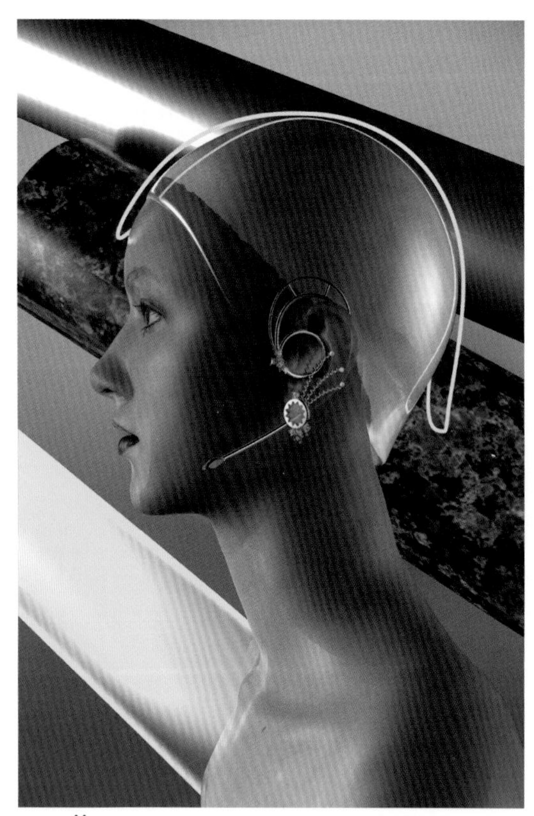

■ YŸMIN 尤目，ELECTRONIC GIRL 电子女孩系列

■ 3D 打印食品机器

■ 3D 打印技术制作的食品

1.3D 打印技术的成型原理

3D 打印技术采取的是“增加法”，所以又称为“增材制造技术”。把用 3D 建模类软件（如 JewelCAD、Rhinoceros、ZBrush、3DESIGN、Autodesk Maya、3DS Max、Grasshopper、Matrix 等）设计好的模型数据输入到 3D 打印机，调整好模型打印的数据分层，不同工作原理的打印机可通过加热、烧结等技术把粉末状、线状材料通过逐层叠加的方式打印成蜡模型、树脂模型、陶瓷模型、食品模型或金属模型等。

■ 3D 打印机

在首饰行业中，3D 打印技术可以更加准确、迅速地进行首饰设计与模型制作，其便捷、可重复、易调整等优势得到了行业的认可。许多首饰企业都建立了智能化的 3D 打印技术生产线，不仅可以规模化生产首饰，也可以进行个性定制，大幅度提高设计和生产效率，同时也降低了成本。设计师建立好首饰模型，输入 3D 打印设备，可选用蜡、树脂、尼龙、塑料、金属等材质进行首饰模型的打印，其中蜡模的使用最为广泛，打印完毕后的蜡模可以直接种植蜡树进行金属浇铸；如果想制作综合材料类的首饰，也可尝试用树脂、尼龙、陶瓷等材料进行打印；随着 3D 打印技术的发展，直接打印金属，如金、银、铜等材质的机器也在逐渐升级当中，虽然由于技术尚未完全成熟，制作打印金属成品的造价和损耗都较高，但相信在不久后的将来，这项技术会逐渐成熟并被广泛使用。

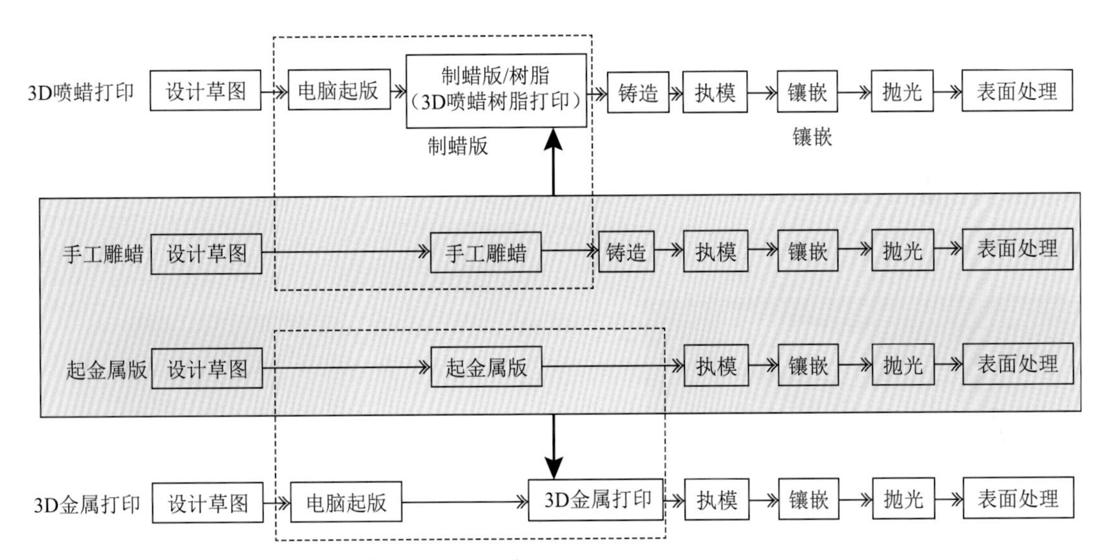

■ 3D 打印首饰与传统手工起版首饰制作流程对比图

2. 3D 打印技术分类

目前市场上常用的 3D 打印技术分 TDP 粉末材料选择性粘结技术、FDM 熔融层积成型技术、SLA 立体平版印刷技术、DLP 激光成型技术、UV 紫外线成型技术和 SLS 选区激光烧结技术等。

（1）粉末材料选择性粘结技术（Three Dimensional Printing，TDP）：使用标准喷墨打印技术，在计算机的控制下，依据截面轮廓的信息，在铺好的层层粉末材料上喷射粘结剂，使实体部分粉末粘结，形成截面轮廓；层层循环加工，直至模型完成。

（2）熔融层积成型技术（Fused Deposition Modeling，FDM）：将丝状的热熔性材料加热融化，同时打印喷头在计算机的控制下，根据截面轮廓数据，将材料涂敷在工作台上，快速冷却后形成一层截面，之后重复加工每个层面，直至模型打印完毕。

（3）立体平版印刷技术（Stereo lithography Appearance，SLA）：以光敏树脂为原料，通过计算机控制激光，按模型的各分层截面信息在液态的光敏树脂表面进行逐点扫描，被扫描区域的树脂薄层产生光聚合反应而固化，一层固化后，工作台下移一层的距离，重复流程直至模型打印完毕。

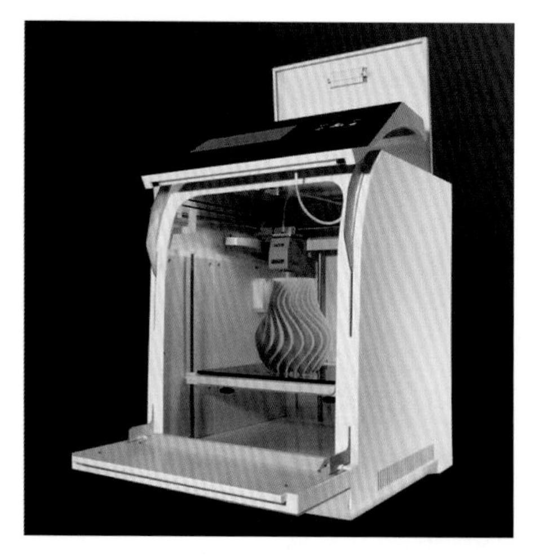

■ FDM 技术操控准工业级 3D 打印机

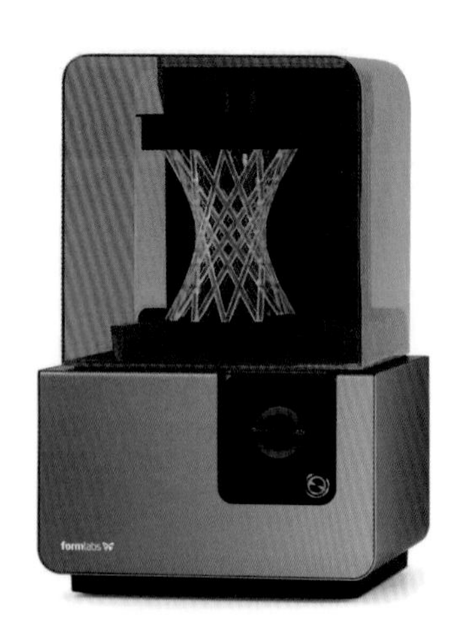

■ SLA 技术操控 3D 打印机

■ DLP 技术操控 3D 打印机

■ DLP 技术操控的 3D 打印机制作的首饰树脂模型，可直接进行金属浇铸操作

（4）激光成型技术（Digital Light Processing，DLP）：使用高分辨率的数字光处理器(DLP)投影仪来逐层固化液态光聚合物，由于每层固化为片状固化，速度比同类型的 SLA 立体平版印刷技术速度更快。该技术经常用于珠宝加工行业。

（5）多喷嘴建模成型技术（Multi-jet Modeling，MJM）：材料被一层一层的喷射，并通过化学树脂、热融材料光固化的方式成型。适合建造高精度、高清晰的模型和原型，可直接熔模铸造。该技术可以允许一个打印产品中含多种材料，珠宝首饰模型打印中常用的喷蜡机就是采用该技术。通过 MJM 多喷嘴建模成型技术操控的首饰喷蜡机制作的首饰模型，由白蜡和紫蜡两个部分组成：其中白蜡是打印中支撑首饰模型的基底部分，

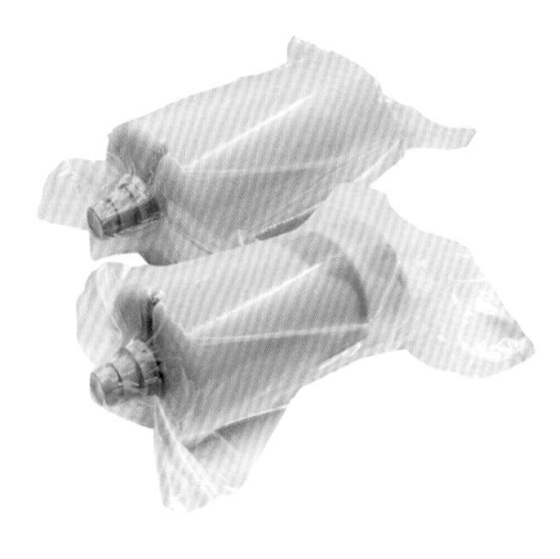

■ 支撑白蜡，结构紫蜡

■ 通过 MJM 技术喷蜡机制作的首饰模型

紫蜡则是首饰模型；打印完毕后，将模型整体放入支撑白蜡溶解液中，白蜡溶解后，就留下了首饰模型的紫蜡部分，之后就可以对其进行浇铸金属的操作了

（6）UV 紫外线成型技术：用 UV 紫外线照射液态光敏树脂，一层层由下而上堆积成型，过程中无噪音，成型的精度高。

（7）纳米颗粒喷射技术（Nano Particle Jetting，NPJ）：其工艺使用纳米液态金属，以喷墨的方式沉积成型，打印速度比普通激光打印快 5 倍，且具有优异的精度和表面粗糙度。

（8）激光熔覆成型技术（Laser Metal Deposition，LMD）：该技术名称繁多，常用的名称包括 LENS、DMD、DLF、LRF 等，其打印粉末通过喷嘴聚集到工作台面，与激光汇于一点，粉末熔化冷却后获得堆积的熔覆实体。

（9）选区激光烧结技术（Selected Laser Sintering，SLS）：预先在工作台上铺一层粉末材料（金属粉末或非金属粉末），激光在计算机控制下按照界面轮廓信息对粉末进行烧结，不断循环，堆积成型。

（10）激光熔化成型技术（Selective Laser Melting，SLM）：这是目前金属 3D 打印成型中最普遍的技术，采用精细聚焦光斑快速熔化预置金属粉末，直接获得任意形状的模型。能直接成型出接近完全致密度、力学性能良好的金属模型。该技术克服了 SLS 制造金属零件工艺过程复杂的困扰。

（11）电子束熔化技术（Electron Beam Melting，EBM）：其工艺过程与 SLM 相似，但使用的能量源为电子束。EBM 的电子束输出能量通常比 SLM 的激光输出功率大一个数量级，扫描速度也远高于 SLM，因此 EBM 在操作过程中，需要对造型台整体进行预热，防止成型过程中温差过大带来较大的残余应力。

3. 3D 打印成型工艺与数字化软件技术

在 3D 打印成型工艺流程中，最重要的一步是前端的构思设计与数字化软件建模，常用于首饰设计建模的软件有 JewelCAD、3DESIGN、Rhinoceros、ZBrush、Matrix 等，每个软件都有自己的优势和特色，可以设计出手工起版不易做或做不出的造型，如重复性结构、规则渐变结构、穿插镂空结构、多层曲面结构等。了解软件的性能，并熟练操作软件，才能更好地利用 3D 打印成型工艺。下面为大家简单介绍几款可直接输出打印的专业珠宝首饰设计软件。

（1）JewelCAD

JewelCAD 是珠宝首饰设计行业的专业软件，1990 年由香港珠宝电脑科技有限公司开发面世，发展至今已成为功能强大且性能稳定的成熟软件，目前大多数首饰公司及设计师均在使用 JewelCAD 进行设计及模型打印输出，普及度非常高。该软件图像处理功能极强，可制作 1 ∶ 1 的首饰模型输出数据，有着完整的 Rail 导轨曲面成型技术和高效的 Curve 曲线建模绘图功能以及布尔运算技术，并且可以自由转换视角。软件自带固定的宝石库、首饰零件库可直接使用。设计完成后可进行模型渲染，同时可以计算用金重量，还能够输出标准的无缝合线 STL 和 SLC 格式文件，对接 3D 打印机和 CNC 数控雕刻机能快速制作出首饰模型。

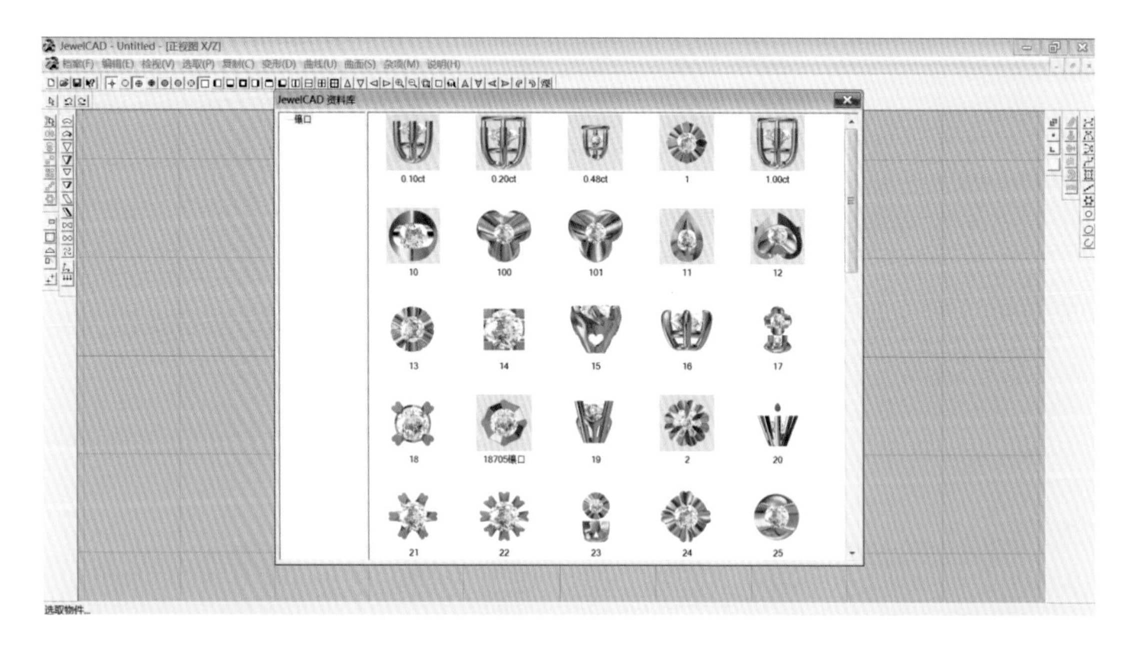

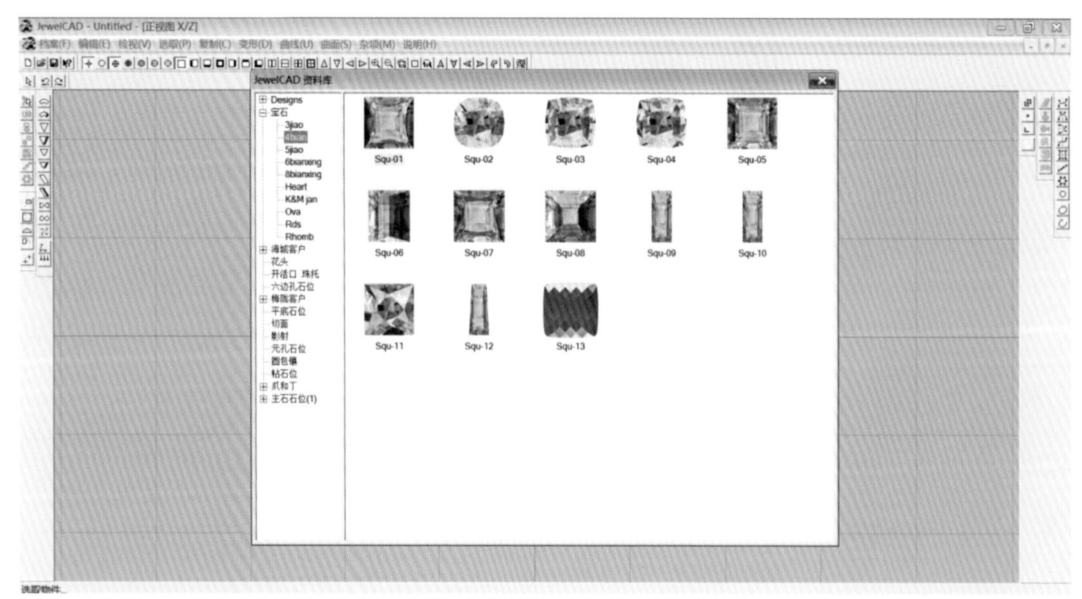

■ JewelCAD 操作界面

（2）Rhinoceros

Rhinoceros 简称 Rhino，中文翻译为犀牛，1998 年面世，是美国 Robert McNeel & Assoc 公司开发的一款世界顶尖的计算机辅助工业造型软件，它使用优秀的 NURBS（Non-Uniform Rational B-Spline）建模方式，该软件的发展理念是以 Rhino 为主系统，不断研发各种行业的专业插件、渲染插件、动画插件、模型参数等，不断完善发展成为通用型的系列设计软件。Rhino 可输入输出多种文件格式，模型可直接通过各种数控机器、3D 打印机制造出来，服务于建筑设计、工业制造、机械设计、艺术设计、三维动画制作等领域。

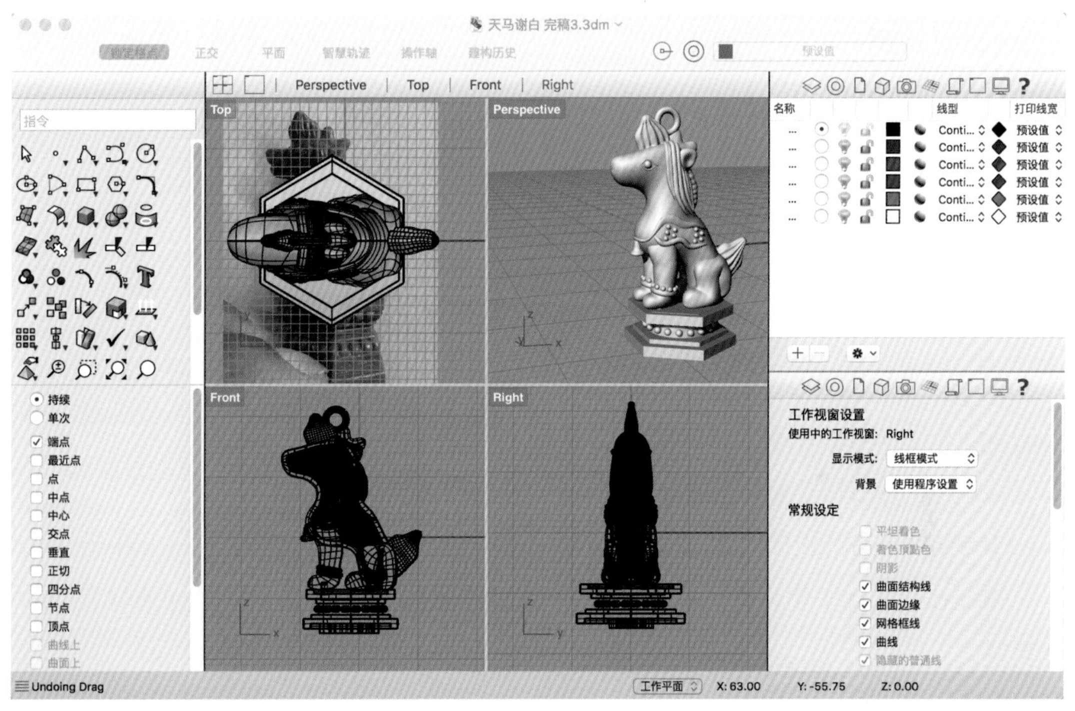

■ Rhinoceros 操作界面

■ 谢白，屋脊上的瑰宝·天马，Rhinoceros 建模制作

①优势技术：

Rhino 不仅拥有 NURBS 的优秀建模方式，也有网格建模插件 T-Spline，操作方式多样化，使得建模更加生动；同时开发了多种行业的专业插件，只要熟练掌握好软件的常用操作方法和技巧，之后的插件学习就非常容易。例如，把珠宝首饰设计类插件加载至 Rhino 中，即可变成专业的珠宝首饰设计软件。这也是 Rhino 能立足于各行业的主要因素。

②成型加工：

Rhino 可输入、输出几十种不同格式的文件，其中包括 2D 文件格式、3D 打印所需的 STL 格式和图像类文件格式。可输入修改其他软件制作的模型参数，同时满足各种形式的打印输出，操作非常便利。

③安装便捷：

Rhino 虽然功能强大，但是相对其他的建模类软件，对计算机的操作系统和硬件配置并无特别高的要求，只占用 20 兆左右的空间即可，并且易学习和掌握。

④专业珠宝首饰设计插件：

Rhino 以插件丰富著称，专业插件的开发几乎涵盖了所有设计类型。

Gemvision Matrix：强大的珠宝设计插件，在参数化控制、修改、编辑以及综合能力方面有着比较大的优势。

TDM RhinoGold：功能全面的综合珠宝设计插件，拥有建模、排石、镶口、项链、戒圈到浮雕等全面的设计工具，可快速精确地设计和修改模型。RhinoGold 在 Rhino 的基础功能上增加了珠宝业专用工具，大大提高了设计效率，还可以自动化完成重复性任务。

Smart3d、Logis3d Pavetool：两种插件都拥有自动排石、快速生成蜂巢底孔的功能。

Pavetool：专业的宝石多重曲面虚拟镶嵌插件。

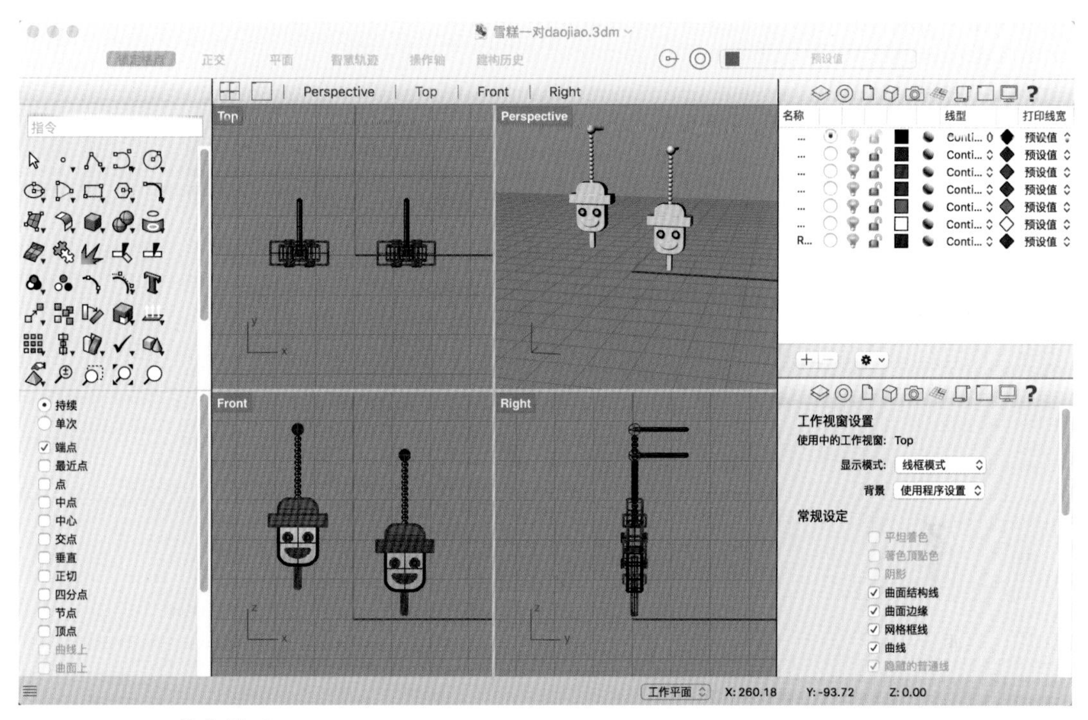

■ Rhinoceros 操作界面

■ 谢白，童年记忆・雪娃娃，Rhinoceros 建模制作

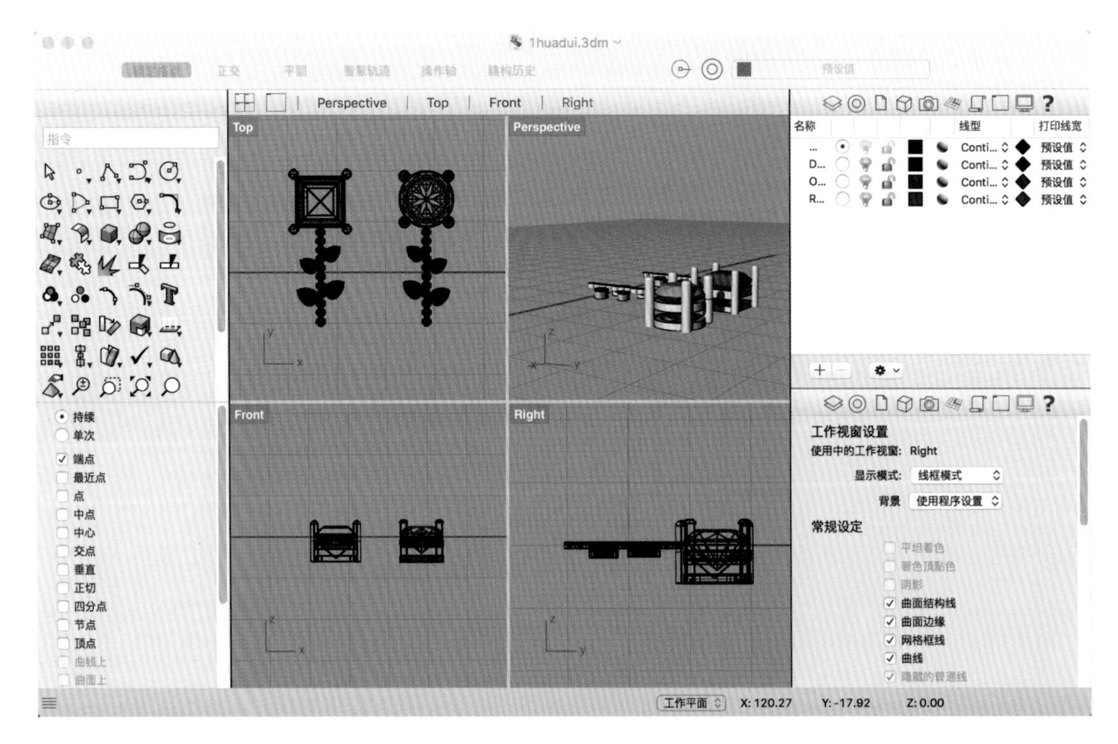

■ Rhinoceros 操作界面

■ 谢白，糖果花朵，Rhinoceros 建模制作

⑤其他插件工具：

渲染插件 Flamingo（火烈鸟）、Penguin（企鹅）、V-Ray 和 Brazil（巴西）；动画插件 Bongo（羚羊）、RhinoAssembly；参数及限制修改插件 RhinoDirect；建筑插件 EasySite；机械插件 Alibre Design；鞋业插件 RhinoShoe；船舶插件 Orca3D；牙科插件 DentalShaper for Rhino；摄影量测插件 Rhinophoto；逆向工程插件 RhinoResurf；网格建模插件 T-Spline 等，并且一直保持更新。Rhino 拥有如此强大的专业插件库，使得用该软件设计出的模型具有精准的造型、逼真的渲染效果、有趣的动画宣传，用于首饰设计时，也可像专业的首饰设计软件一样，轻松建模、自动排石、准确计算金重和宝石净重等。

（3）3DESIGN

专业珠宝设计软件 3DESIGN 隶属于法国 Type3 软件公司，Type3 于 1988 年创建于法国里昂，作为领先行业发展的艺术 CAD/CAM 软件，为工业雕刻与 3D 珠宝设计做出了不少贡献。

①优势技术：

3DESIGN 专注于珠宝设计和专业手表设计，新的版本又进一步提升了珠宝设计功能和加工功能，而且常用的电脑配置也能够满足软件的安装要求（兼容 Mac 和 Windows 系统），一般学习三个月即可基本掌握软件操作。

该软件操作便利，可随时翻转、缩放模型。软件自带渲染功能，能即时在界面上看到模型渲染后的材质，使设计师能够迅速观察作品的细节，把控首饰设计全局。如果是商业类接单，还能进行及时对稿、在线分享、图册展示等，在加工前得到客户的有效反馈，提高成品的准确率。

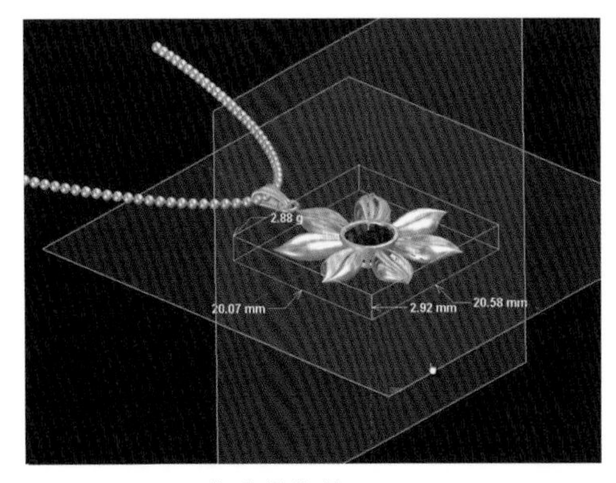

■ 3DESIGN 软件操作界面

3DESIGN 还开发了独家的“关联”技术，能够轻而易举改变现有的设计稿件，从而获得新的设计模型。如果一件设计作品需要花费 4 个小时，那么制作类似 4 个作品就需要约 16 个小时，但是“参数化”可以保持追踪设计的创作历史，每一个步骤都可以被记录，所以只要改动其中的某一个步骤并再次编辑就可以设计出新的作品，不限时间、次数，随时可以创新，而且 3DESIGN 软件会自动重新计算所有的步骤，大大节约了建模时间。该软件同时还拥有丰富的宝石、镶口、配件等数据库，并且拥有强大的自动排石、通道、扫掠、阵列、金重估算等功能，为制作各种款式的珠宝首饰提供了便利。

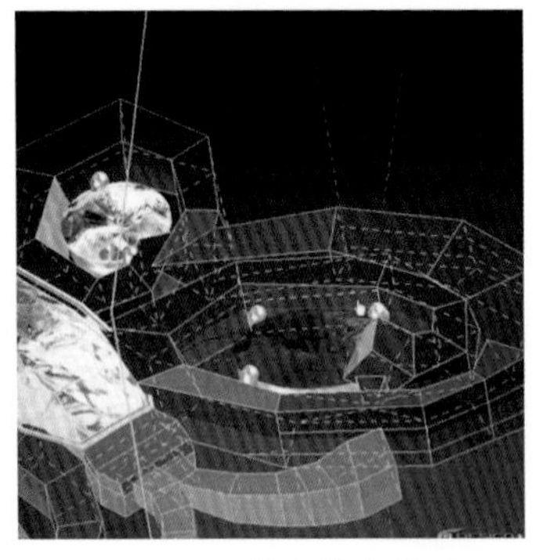

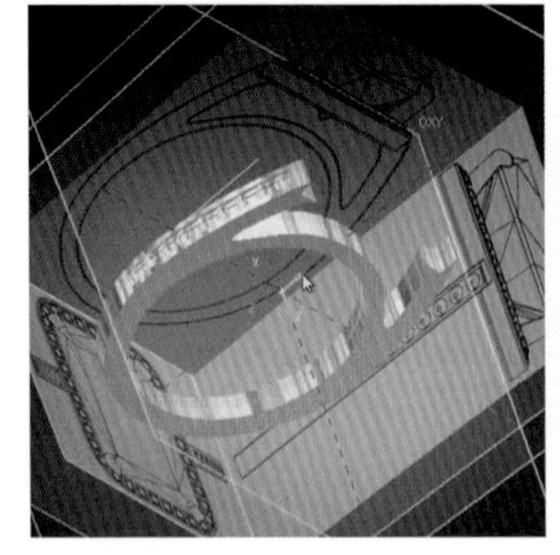

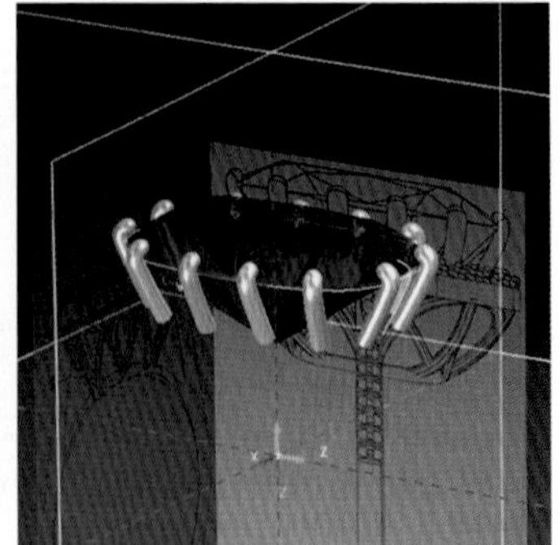

■ 3DESIGN 软件操作界面

②成型加工：

运用软件设计好作品后，就可以进入模型的加工。3DESIGN 能够输出 STL 文件，可以和快速成型机、3D 打印机直接连接，是一款从设计到加工输出一体的全能型软件。

③软件的其他延展插件：

3DESIGN 有许多相关的辅助软件，如 3Shaper、DeepImage 等，几种软件搭配使用，可使首饰创作更加游刃有余。

3Shaper 雕塑功能：

该软件拥有两部分最为强大的技术功能：细分曲面和混合建模。运行 3DESIGN 中的 3Shaper 插件，打开所需要制作的模型，可将模型上的各个角、定点或面随意地转动测量，并且可以预设多个点与线，将产品分成无数个小的面，通过面与面的推拉与桥接，改变产品的造型，完成自由造型建模，像捏橡皮泥一样塑造出任意造型。很多小型雕塑的设计制作也经常使用该软件，先用软件设计出作品的造型，再用 3D 打印技术制造出 1：1 的模型，最后由玉雕、木雕的师傅们按照模型雕刻出来，这样既可以更好地控制造型、省工时，又可以减少原材料的耗损。对于珠宝首饰类设计，此软件可以用于进行边角等细节的再修饰，所以将 3DESIGN 和 3Shaper 两种软件搭配运用，可以使首饰作品更加精美。

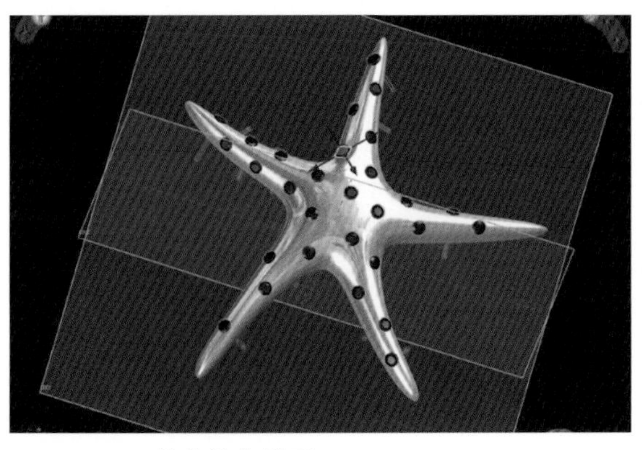

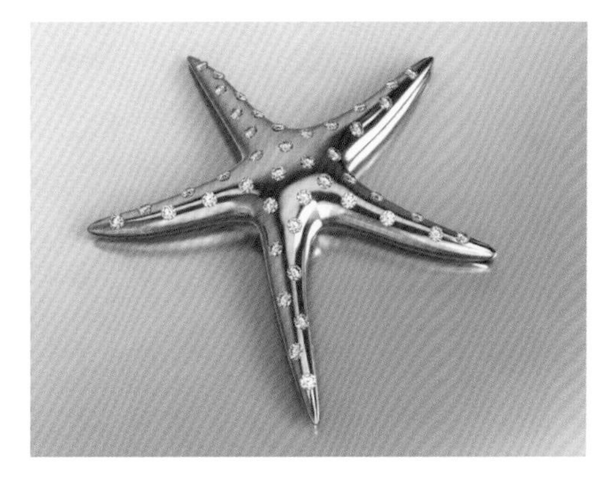

■ 3Shaper 软件操作界面

DeepImage 渲染功能：

DeepImage 也是 3DESIGN 的延展辅助软件。作为 3DESIGN CAD8 的一个操作功能，DeepImage 能为设计师极速创造高清“光线跟踪”图片和“动画”（Quicktime、PNG 或连续的 JPG 图片）。DeepImage 还有以下功能：可从特定数据库选择珠宝材质和场景；拖放材质，连同完整的环境进行呈现，和产品设计融合得更恰当，并自动计算和呈现渲染效果，且只需几秒。

■ DeepImage 软件渲染效果

（4）ZBrush

ZBrush 是一款功能强大的 3D 数字雕刻和 2D 绘画软件，1999 年由 Pixologic 公司推出。至今，已经成为 3D 行业的核心软件，主要应用于电影特效、视频游戏、插画设计、广告特效、3D 打印、珠宝设计、人体模型、汽车设计、概念教学等行业。

■ 许喆隆，金鳞少年，运用 ZBrush、Substance Painter、Iray 软件创作

①优势技术：

ZBrush 的诞生使整个 3D 设计领域产生了革命性的改变，和传统的 3D 软件依靠鼠标和参数来建模的方式不同，它将 3D 制作中最复杂耗力的角色建模和贴图工作，转换成了捏泥塑的思维操作，完全尊重设计师传统的工作习惯。软件中有多种款式的立体笔刷和材质库，设计师可通过手写板或鼠标来控制立体笔刷等工具，鼠标的操作概念与各种刻刀、画笔一样，拓扑结构、网格分布一类的烦琐问题都在后台自动完成，设计师和艺术家可以放开思路，如同手绘或手工雕刻一样完成作品形象；在建模的同时还可以不断进行着色、渲染等特效，改变作品的色彩、质感、光照、精密度等，真正实现了 2D 与 3D 的结合。

ZBrush 的笔刷可以轻易塑造出皱纹、发丝、斑点之类的皮肤细节，以及细节凹凸模型及质感，同时还可以把复杂的细节导出成法线贴图和展好 UV 的低分辨率模型，方便大型 3D 软件如 Autodesk Maya、3DS Max、Lightwave 等的识别和应用，所以该软件也是专业动画制作领域里重要的建模材质工具。大型游戏《刺客信条》《使命召唤》以及人们耳熟能详的电影《加勒比海盗》《指环王》《阿凡达》等都运用了 ZBrush 软件制作。

②成型加工：

由 ZBrush 设计的作品可直接输出 STL 等格式连接各类 3D 打印机进行实体模型的输出，也可以将高精 3D 扫描仪器捕捉的真实模型数据导入软件进行再修改和完善。许多模型艺术品都是采用 ZBrush 设计后进行 3D 打印制作而成的。设计和实体输出的无缝连接，可以使设计师和艺术家的创作概念在短时间内由虚拟转为现实，大大节约了设计成本。

■ Alexander Beim，爱因斯坦像，ZBrush 建模作品

■ 许喆隆，金鳞少年（未渲染图）

■ 许喆隆 × 开天工作室，金鳞少年，实体雕塑作品

③ ZBrush 在珠宝首饰设计中的运用：

ZBrush 的 3D 雕刻功能和传统手工蜡雕有异曲同工之处，细腻的刻刀笔刷以及推拉旋转等工具可以任意改变建模的造型，这种仿手工操作的功能非常适合制作抽象、人物、动物、花草等各类造型的首饰，同时也可以深入刻画作品的细节，完善了传统 CAD 或基于 NURBS 类型的 3D 软件受到的细节设计限制。ZBrush 还可以结合 JewelCAD、Rhinoceros 等 3D 软件使用，如可将 JewelCAD 中的宝石、首饰配件等模型导出 STL 模式之后再导入 ZBrush 进行使用；几何块面类型的首饰，也可用 Rhinoceros 快速创建，再结合 ZBrush 进行细节处理。ZBrush 自带多种材质球等渲染工具，可将首饰的每个部件分材质进行渲染，除了传统的金、银、铜等材质，还有玻璃、珍珠、宝石、砂石、木料、塑料等多种渲染材质，而且可以自己建立素材肌理，大大满足了设计师的需求。模型设计好后，就可以直接选择材质渲染出实物图的效果，对后期成品加工的效果起到了良好的把控作用。

■ 谢白，欢乐颂，耳饰，ZBrush 操作界面

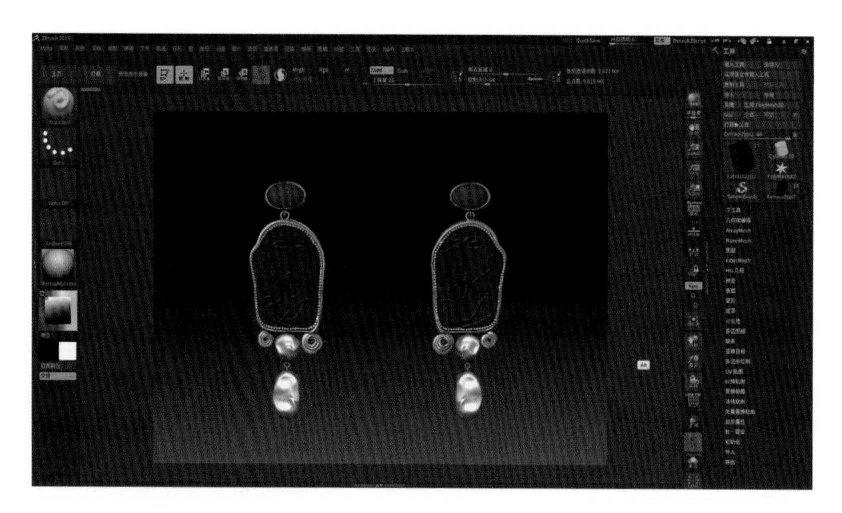

■ 谢白，Picasso 的闲适时光，耳饰，ZBrush 操作界面

■ 谢白，青铜鸱鸮尊，ZBrush 建模作品

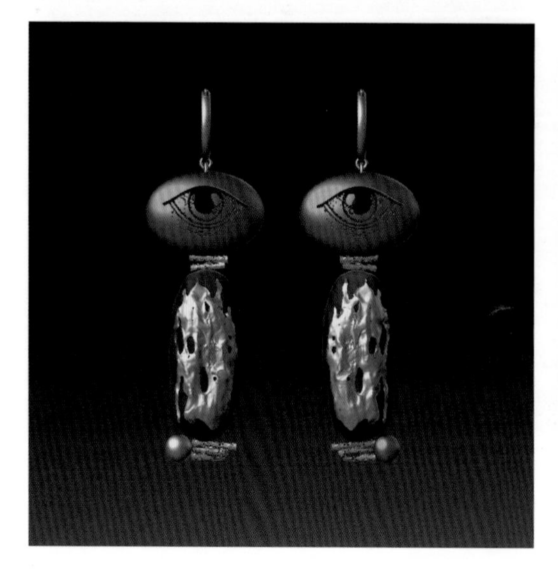

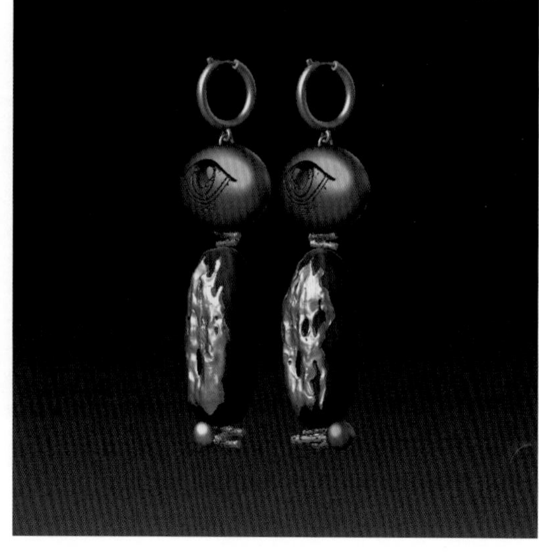

■ 谢白，Eye like yours，耳饰，ZBrush 建模作品

2.5.2　CNC 数控雕刻技术

CNC 是计算机数字控制（Computer Numerical Control）的英文缩写，CNC 数控雕刻机由计算机、雕刻机控制器、雕刻机主机三部分组成。雕刻机的数控技术是一种轨迹控制系统，以各运动轴的位移量为控制对象，同时使各运动轴协调运动。其加工思路如下：首先，通过计算机内配置的专用雕刻软件进行模型设计和排版，并由计算机把数据信息自动传送至雕刻机控制器中，再由控制器将其转化成驱动或伺服电机的功率信号。这时雕刻机主机内生成 X、Y、Z 三轴或更多轴的雕刻走刀路径，按照加工材质配置好的雕刻刀具同时开始高速旋转，对固定于主机工作台上的加工材料进行切削铣钻等减法工艺，作业完毕后即可雕刻出在计算机中设计的各种平面、立体、浮雕等模型。

目前，小型的 CNC 数控雕刻机也广泛应用于首饰行业的快速成型加工中。CNC 数控雕刻机既可加工木材、竹片、皮革、塑料、蜡等综合材料，也可直接加工金属材料；该工艺适合各种复杂的表面立体轮廓、纹理、平面镂空等雕刻，对于带有内部结构、半封闭、封闭结构的模型来说加工难度较大。用于首饰成型的 CNC 数控雕刻机，可以兼容各种 CAD 软件的数据格式，如 Rhino、JewelCAD、Solidwork、ArtCam 等，也可运用 Type3 这种专业雕刻建模软件进行作品设计，提升模型的质量。所以，CNC 数控技术雕刻出的首饰和小件工艺品通常情况下非常精致。常用于首饰加工的小型 CNC 数控雕刻机品牌有北京精雕、法国嘉宝等。

3D 扫描技术也经常与 CNC 数控雕刻以及 3D 打印技术结合运用，将扫描好的数据导入电脑进行修整，之后再通过数控雕刻或 3D 打印技术进行成型加工。

■ CNC 数控雕刻机雕刻木材

■ CNC 数控激光雕刻机雕刻金属

■ 金属工艺品，CNC 数控雕刻机制作

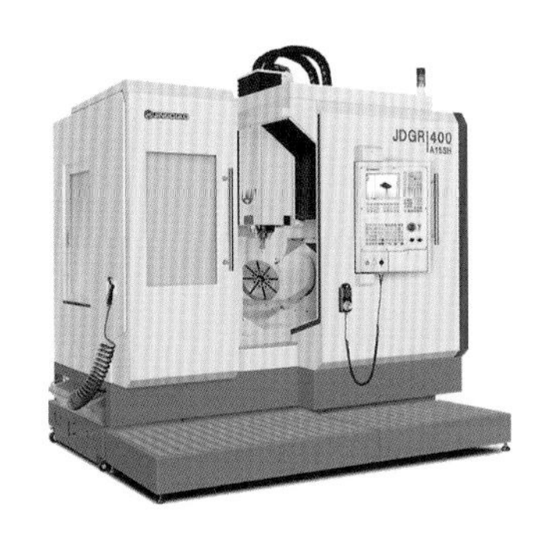

■ 大型工业级 CNC 数控雕刻机

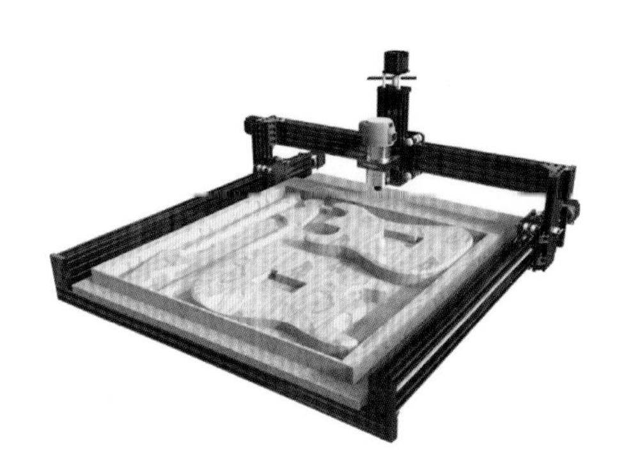

■ 小型 CNC 数控雕刻机

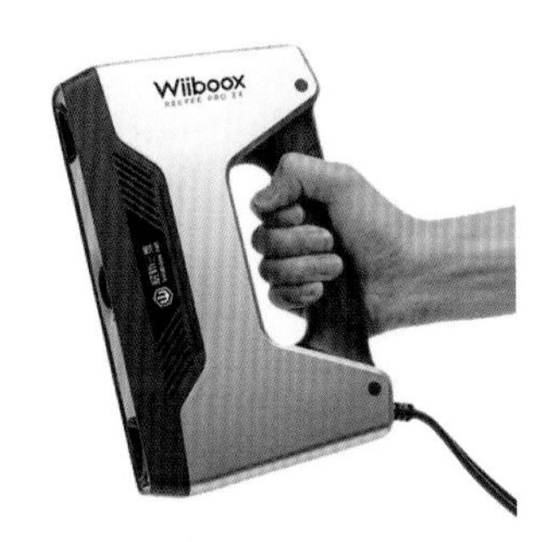

■ 手持型 3D 扫描仪

■ 桌面旋转型 3D 扫描仪

■ 谢白，沙漠之花 No.1 ～ 5 系列，紫光檀、小叶红檀、沉贵宝、斑马木、微凹黄檀、珍珠、925 银

第 3 章

模具制作工艺

在首饰成型和铸造加工中，模具制作是必不可少的一部分。想对一件作品进行复制，必须掌握翻制模具的工艺。在首饰或小件物品的模具制作工艺中，我们一般采用橡胶或硅胶材料。

■ 谢白，夜间守卫者，猛犸象牙化石、红珊瑚、红宝石、蓝宝石、925银镀金

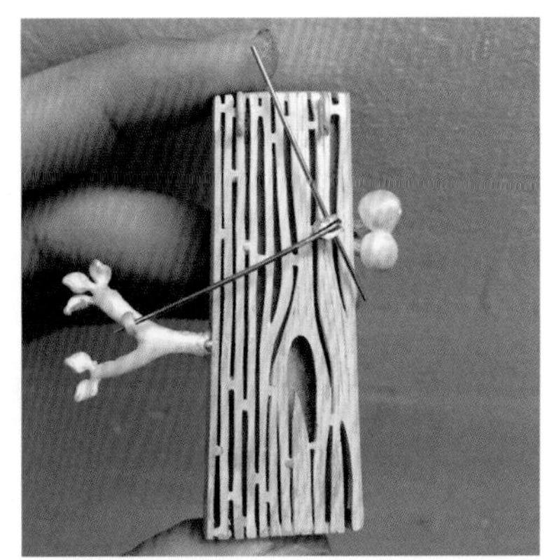

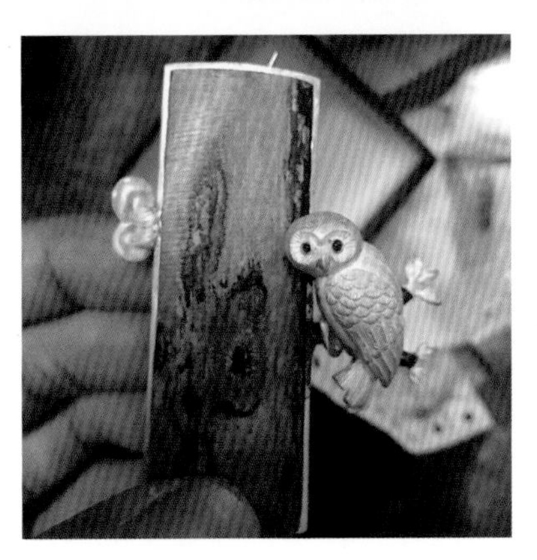

■ 《夜间守卫者》采用传统手工蜡雕起版工艺制作，后用失蜡铸造法浇铸成金属作品

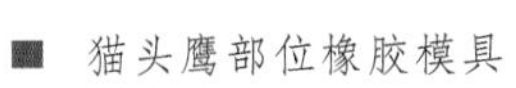

■ 猫头鹰部位橡胶模具

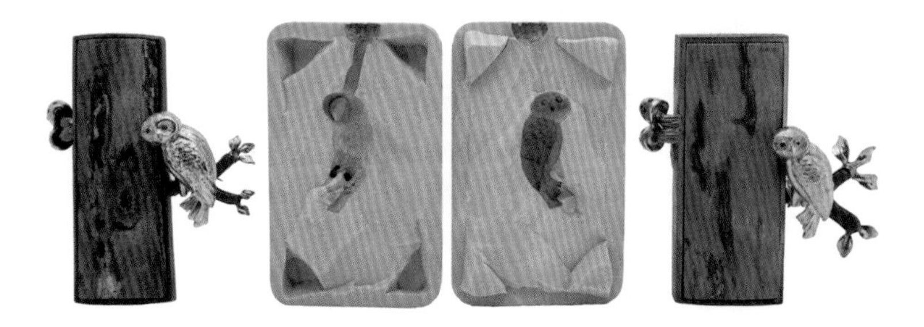

■ 金属作品修整好后进行橡胶模具制作，图中左侧作品中的猫头鹰是手工蜡雕起版，右侧是运用橡胶模具注蜡起版制作的

3.1 首饰橡胶模具及石蜡模型制作

橡胶模具的制作是首饰加工当中非常重要的一个环节，它可以大量复制首饰原型，所以被广泛运用于商业首饰的批量生产中。橡胶模具的制作过程在业内简称为压胶模，许多造型复杂的首饰都可通过该工艺进行模具制作，在正规操作的情况下，一个橡胶模具寿命可达 10 多年，通常情况下，橡胶模具基本是由专业工厂来制作。

3.1.1 橡胶模具制作工具及材料

■ 铝合金模框

铝合金模框：通常由铝合金或铝制成，尺寸多样。

生橡胶：制作橡胶模具使用的是未熟化的生橡胶，多为片状，因为生橡胶具有良好的可塑性，进行加热、加压熟化后模具的形状会固定，且弹性和柔韧性良好。

手术刀：割橡胶模具的主要工具。

修模笔：类似特制的电烙铁，可用来修整橡胶模具上的缺陷。

■ 热压机

水口座：通常会在橡胶模具的边缘给水口套上水口座，形成喇叭口，方便后续注蜡模型的操作。

热压机：又称压模机，是生橡胶模熟化设备，上下压板中有可调温度的电热丝，上压板与螺杆连接用于调整两压板间的距离与压力。

3.1.2　橡胶模具制作的基本流程

将接好浇铸水口的首饰原型夹在橡胶里，并装入铝合金箱中，再经过热压机的加压、加热硫化后成型。制作使用的橡胶应具备耐腐蚀、耐老化、柔韧度好等特点。

1. 焊接水口

将浇铸水口焊接在首饰原型上，也可用牢固的黏合剂粘接。

2. 清洁表面

压模前要保持首饰原型表面的清洁。

3. 割胶入箱

选择合适尺寸的铝合金箱，切两片尺寸与铝合金箱一样的生橡胶片，将焊接好浇铸水口的首饰原型夹在生橡胶片中间，放入铝合金箱，如有空隙，需切割适当大小的生橡胶片进行填充，保证首饰原型与生橡胶片之间没有缝隙，并在箱内四边放置好固定用的金属钉，最后关紧铝合金箱。

■ 割胶入箱

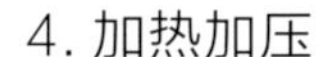

4. 加热加压

将铝合金箱放置在提前预热的自动压模机中，上下同时加热、加压，温度一般控制在 150℃左右，时间约 45 分钟（根据首饰原型的大小及生橡胶片层数调整时间），加热加压完毕后铝合金箱中的生橡胶片就会硫化变硬，模具冷却后，便可将橡胶模具取出。

■ 切割胶膜

5. 切割胶模

将橡胶模具中固定用的金属钉拔出，从浇铸水口处划好切割线，用手术刀将橡胶模切成上下两块，这时便可取出首饰原型，通常将切面割成齿状或曲线状，这样可使两块橡胶模具的咬合度更紧密，注蜡模型的时候更加精准。切割橡胶模具时须细心操作，可在手术刀片上蘸水，保证切割的顺畅，并且注意不要划伤内部的首饰原型，保证橡胶模不受损、变形。

3.1.3　石蜡模型制作的基本流程

首饰蜡模是运用橡胶模具制作出来的，这个过程在业内简称为注蜡或充蜡。注蜡材料可选用精密铸造颗粒蜡。

1. 注蜡

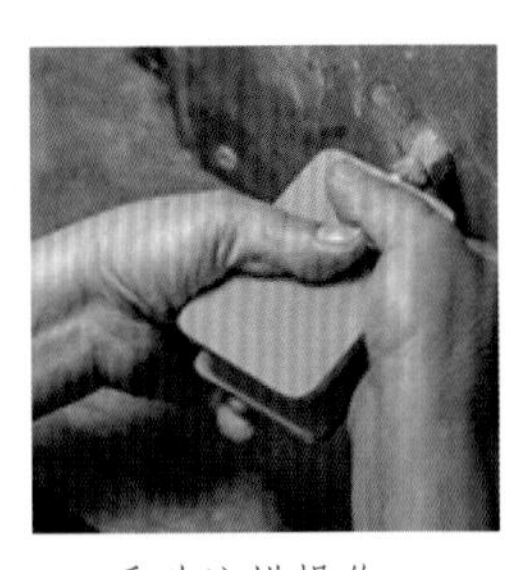

■ 手动注蜡操作

我们通常运用真空加压注蜡机来制作石蜡模型。首先，调节好石蜡熔解锅和喷射嘴的温度，一般情况下控制温度分别为73℃和75℃，温度越低，蜡的收缩越小，注蜡温度如果过高，蜡会流入橡胶模具的割缝中，吸入空气，冷却时在蜡中形成小气泡，影响蜡模的完整性；其次，要根据模具的形状设定注入压力、注入时间、吸引时间。

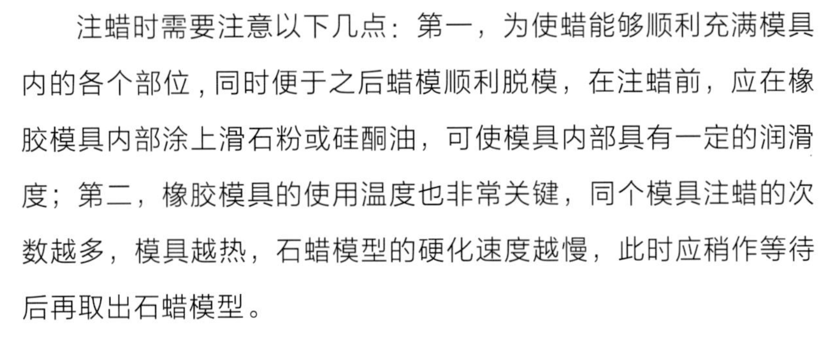

注蜡时需要注意以下几点：第一，为使蜡能够顺利充满模具内的各个部位，同时便于之后蜡模顺利脱模，在注蜡前，应在橡胶模具内部涂上滑石粉或硅酮油，可使模具内部具有一定的润滑度；第二，橡胶模具的使用温度也非常关键，同个模具注蜡的次数越多，模具越热，石蜡模型的硬化速度越慢，此时应稍作等待后再取出石蜡模型。

■ 半自动数显注蜡机　　■ 全自动注蜡机

2. 取蜡模、细节修整

取蜡模的时间要掌握好，过早则蜡未完全凝固，容易变形；过晚则过硬变脆，取时易碎。取时需轻拿轻放，以免石蜡模型受损。由于注蜡操作的问题，有时蜡模表面会出现一些较小的缺陷，取出后要对蜡模进行仔细检查，如果有气泡洞、斑痕、缺口等，可通过电烙铁补蜡以及刀具刮刻进行适当修补。之后整个石蜡模型的制作就完成了。

3.2　硅胶模具制作基础工艺

在不具备专业压模条件的小型工作室或家庭工坊中，如果想对一些简单造型的首饰或小件物品进行翻模，可运用无毒健康的硅胶来制作。

3.2.1　硅胶的化学及物理性能

硅胶又名硅酸凝胶，英文名 Silica gel，主要成分是二氧化硅，化学性质稳定，耐火耐低温。通常我们接触到的硅胶是一种高活性吸附材料，不溶于水和任何溶剂，无毒无味，弹性、柔韧性佳。硅胶配合固化剂使用，便捷且易塑型。

硅胶制品根据成型工艺的不同可以分为以下几类。

1. 塑型、模压硅胶制品

这是硅胶行业中最广泛的一种，主要用于工业配件、冰格、蛋糕模等，在艺术设计中，也有许多硅胶制作的设计品模具和艺术品等。

2. 挤出硅胶制品

多为长条管状，可随意裁剪，常用于医疗器械、食品机械中。

3. 液态硅胶制品

通过硅胶注塑喷射成型，因其柔软的特性，多用于制作仿真人体器官等。

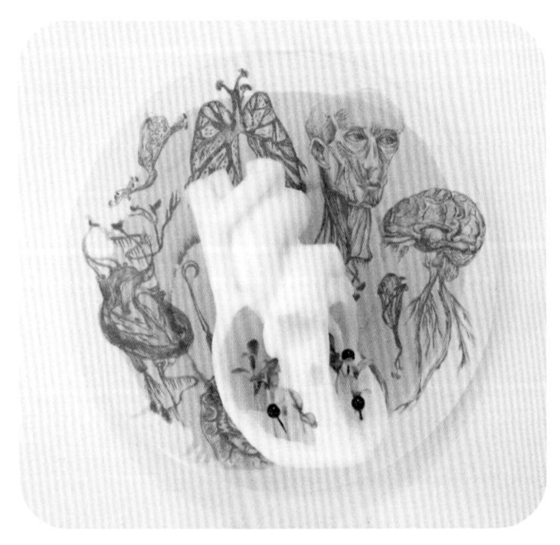

■ 谢白、谢周强，Touch my body- 房，硅胶、综合材料，30cm×30cm，2011

■ 谢白、谢周强，Touch my body- 有机，硅胶、综合材料，30cm×40cm，2011

3.2.2　硅胶的常用工艺操作方法

硅胶在未加入固化剂时，呈流动的黏稠液体状，如果需要对硅胶进行固化成型，需要按照硅胶与固化剂 100：2 或 100：2.5 的比例进行配比（或按照品牌说明书的操作配比）。如：取 100 克硅胶，加入 2 克左右的固化剂，顺时针进行搅拌固化。注意固化剂和硅胶一定要往同一个方向搅拌均匀，如果搅拌不均，会出现部分硅胶不固化的现象。正常情况下，硅胶会在半小时后开始凝固，2 ~ 3 小时后凝固完全，如需加快凝固速度，可适量多加一些固化剂，或用吹风机热风加热。如果用硅胶进行翻模工艺，建议在 12 小时后进行脱模，这样操作成功率较高。如果搅拌硅胶时产生气泡，可用抽真空机进行消除。由于硅胶较为浓稠，如果需要增强流动性，可按照 100：10 的比例加入硅油搅拌均匀。

常用的硅胶为半透明色和白色，如果想变换硅胶的颜色，可以加入专用的硅胶色膏或油画颜料，顺时针进行均匀搅拌即可。

■ 半透明硅胶（柔韧性较强）

■ 乳白色硅胶

3.2.3 硅胶模具制作基础材料工具

食品级硅胶；硅胶固化剂；一次性塑料杯或小塑料盆：用于称重及调和硅胶；一次性筷子：搅拌硅胶以及制作水口；塑料积木或硬纸盒：用于制作浇注槽；油泥：用来固定模型以及补漏；透明胶带：贴于纸盒内部，便于硅胶凝固后顺利脱模；剪刀；手术刀；美工刀。

3.2.4 硅胶模具制作流程

1. 胖娃手积木版硅胶翻模制作流程（步骤示范：谢白）

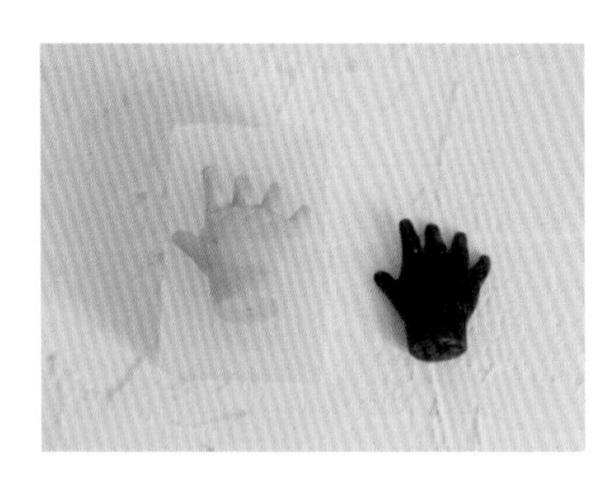

1

准备好模型、注胶时用的积木、油泥、硅胶等材料和工具，并将积木围成大小适当的浇注槽

2

根据硅胶品牌使用说明书上的要求，按比例称取适量的硅胶以及硅胶固化剂

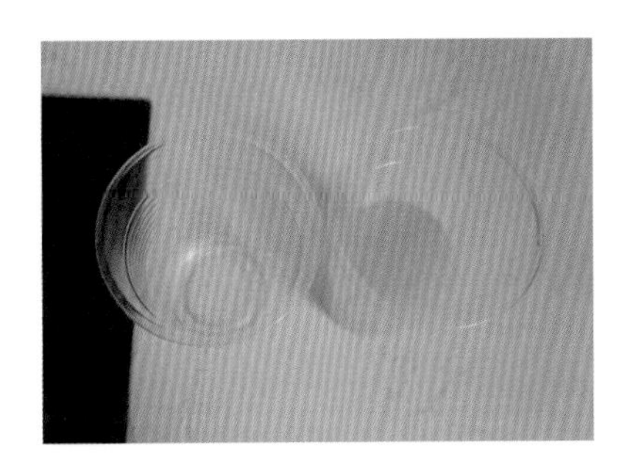
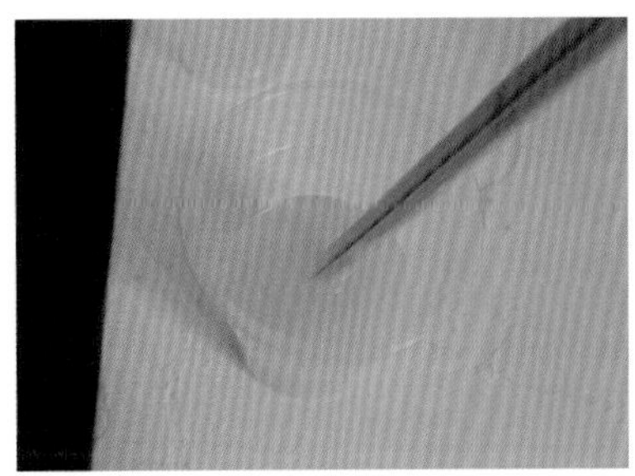

3

将固化剂倒入硅胶后进行顺时针搅拌，保证固化剂和硅胶均匀融合，如搅拌不均，会导致部分硅胶不能固化

4

取适量油泥粘在模型一端

5

将搅拌均匀的硅胶倒入积木围槽里，这时只需倒入一半量的硅胶，然后将准备好的模型粘在围槽的一边；此时模型的一部分需要接触到硅胶，切记不能碰到围槽的底部及四周；模型离底部至少要有 6mm 的距离，以免凝固后硅胶模具穿孔

6

固定好模型后，将剩余的硅胶倒入槽中，覆盖整个模型

7

等待硅胶凝固；不同品牌的硅胶凝固时间有所差别，不着急的情况下，建议 12 小时以后取出，确保硅胶内部完全凝固，柔韧性能佳

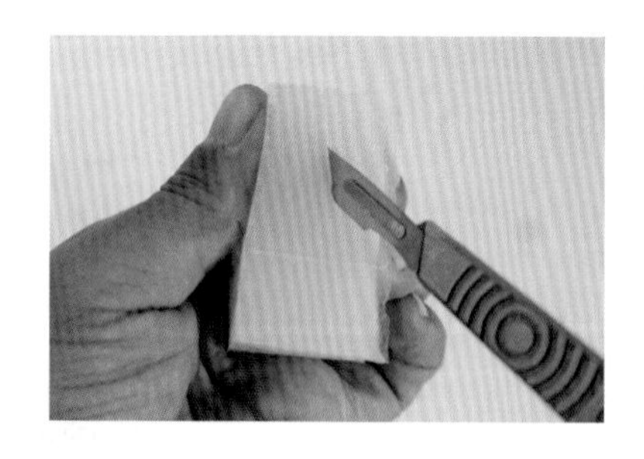

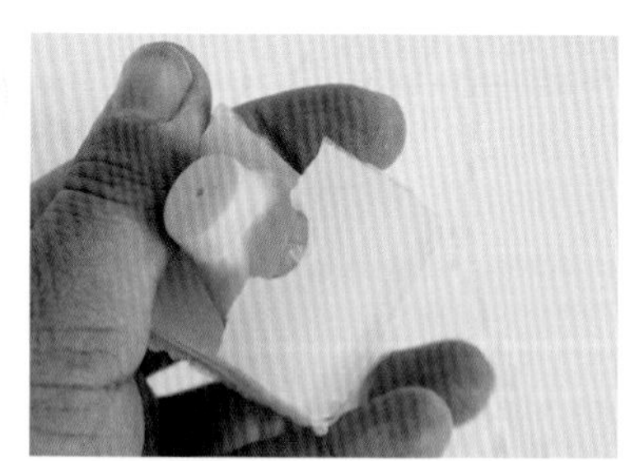

8

用手术刀将硅胶切开，注意切割线为 S 形或 Z 形，这样可使模具契合度更高，简单的小件物品开模时不必将整个硅胶模切断，切口能将模型取出即可

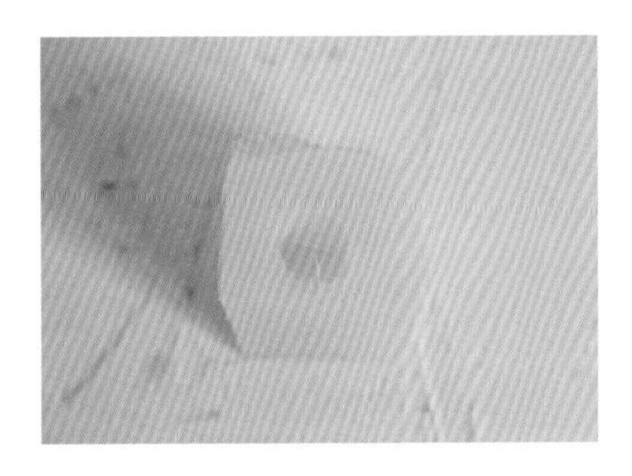

9

取出模型后，硅胶模具就制作完毕了，油泥粘贴的位置自然形成浇铸水口；再将铸造蜡融化后注入硅胶模具，就可以得到一枚蜡模小手，之后可再用失蜡法浇铸成金属；硅胶模具也可以直接注入树脂 AB 胶、水泥、石膏等成型材料，获得不同质感的模型

■ 吕洋，路易胸针，树脂 AB 胶

2. 多类物品纸盒版硅胶翻模注蜡制作流程（流程示范：谢白）

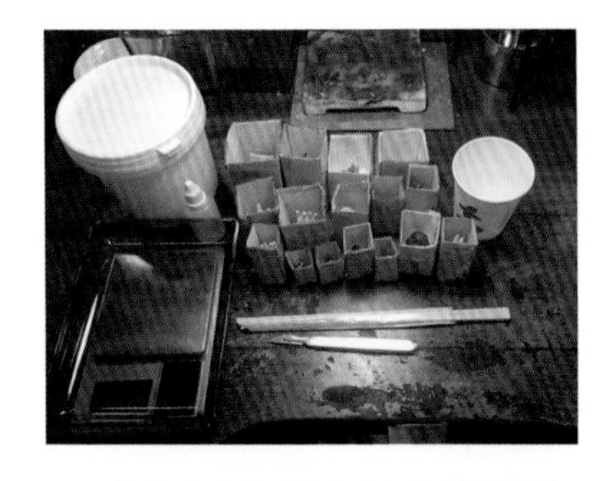

1

准备好硅胶、固化剂、电子秤、纸盒、一次性杯子、筷子、手术刀等材料和工具

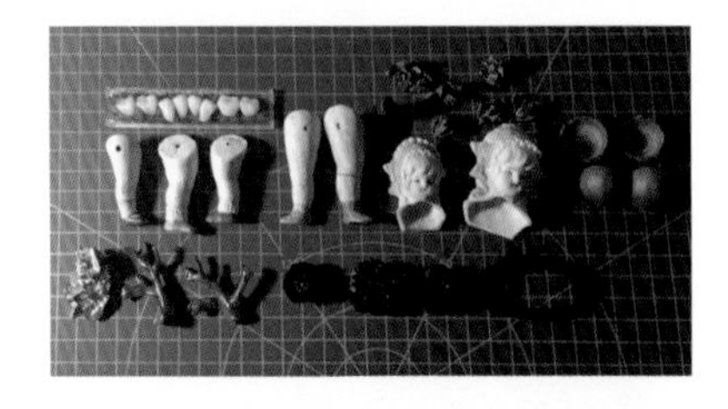

2

选取进行翻模制作的趣味小物，注意物件的结构造型不要过于复杂

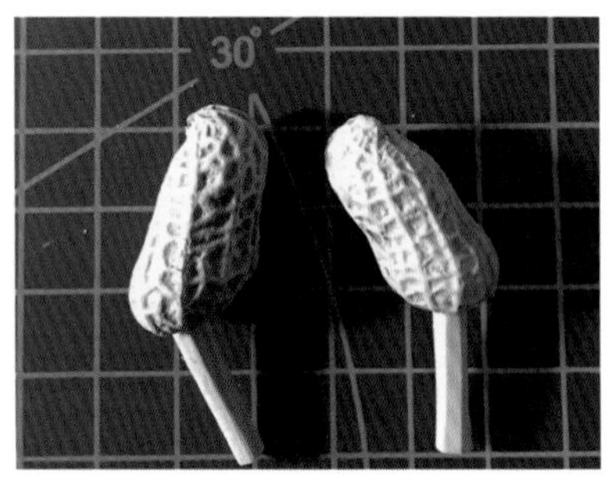

3

将一次性筷子削成尺寸合适的短棒，当作注水口通道，用油泥将其粘贴到物件上

4

用硬纸壳制成大小合适的浇注盒，如果纸盒较小，需先将准备好的物件水口向下粘贴到纸盒底部，一定要固定牢，因为液态硅胶存在一定的浮力，如果粘贴不稳，物品可能会在浇注的过程中浮起，导致翻模失败

5

固定好物品后，再将纸盒整个粘贴成型，如果纸盒内部没有塑料膜覆盖，且不太光滑，可将其内部贴满透明胶带，这样在硅胶凝固后可以顺利脱模，同时纸盒外部的缝隙处需要全部贴上透明胶带，以防浇注时硅胶流出

6

等待硅胶凝固

7

取出凝固的硅胶模具，用手术刀进行开模，注意切割线为 S 形或 Z 形

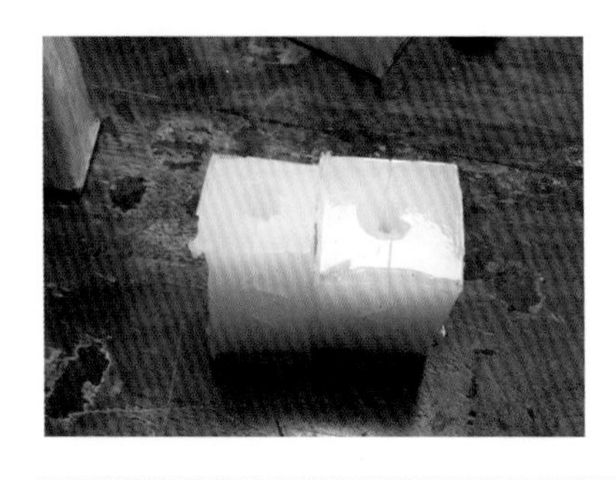

8

将物品取出后，硅胶模具就制成了

9

用酒精灯加热铸造蜡后注入硅胶模具，冷却后即可得到蜡质模型。需要注意的是，如果物品的结构相对狭长或有小细节，手工注蜡可能会因为压力问题造成蜡质模型不完整，这时我们需要运用真空加压注蜡机进行蜡模的浇注

参考书目

[1] Bone E.Silversmithing for Jewelry Makers[M]. 北京：中国纺织出版社，2014.

[2] 张晓燕，楼慧珍 . 首饰艺术设计 [M]. 北京：中国纺织出版社，2017.

[3] 王美玲 . 银饰变软蜡超简单 [M]. 台北：积木文化出版社，2007.

[4] 劳动和社会保障部中国就业培训技术指导中心 . 贵金属首饰手工制作工：基础知识 [M]. 北京：中国劳动社会保障出版社，2003.

附录

常用贵金属饰品铸模烘焙时间参照表

过程	银		18K 金		Pt	
	温度	时间	温度	时间	温度	时间
失蜡	0~150℃	1~2 小时	0~150℃	1~2 小时	0~150℃	1~2 小时
	150℃ ~250℃	1 小时	150℃ ~250℃	1 小时	150℃ ~250℃	1 小时
	250℃ ~350℃	1 小时	250℃ ~350℃	1 小时	250℃ ~350℃	1 小时
	350℃ ~450℃	1 小时	350℃ ~450℃	1 小时	350℃ ~450℃	2 小时
干燥	450℃ ~550℃	1 小时	450℃ ~550℃	1 小时	450℃ ~550℃	1 小时
	550℃ ~650℃	1 小时	550℃ ~650℃	1 小时	550℃ ~750℃	1 小时
	650℃ ~730℃	1 小时	650℃ ~730℃	1 小时	750℃ ~950℃	1 小时
保温	600℃	2~3 小时	600℃	2~3 小时	1100℃	2~3 小时
浇铸	1100℃ ~980℃	无限制	1200℃	无限制	1100℃ ~800℃	无限制

后　记

“创饰技”这套书籍从酝酿到出版历时 6 年，终于在虎虎生威的壬寅年与大家见面了，再次感谢为本套书籍出版提供支持的各位师长、艺术家和手工艺人们；感谢我的至亲，世界上最好的母亲白金生女士、父亲谢周强先生，感谢你们对我无微不至的照顾与教导，我会牢记与大家的约定：开心学习，快乐生活！

书籍从内容文字、案例图片到后期排版、封面设计、插图绘制，期间一遍又一遍地斟酌修订，凝聚了我踏入首饰专业十多年来的知识精华，希望能将首饰文化艺术的魅力与技艺带给更多的朋友。让我们拿起小小的工具，跟随“创饰技”的步伐，创造出属于自己的专属首饰吧！

小小火焰力量大，
能把黄金来融化。
浇灌模具铸造型，
基础工作全靠它。

小小卡尺不离手，
精益求精记心头。
创新理念常相伴，
完美首饰跟你走。

小小虎钳手中拿，

串串手珠盘天下。

瑰宝之中代代传，

弘扬五千年文化。

小小秘籍手中握，

珠宝首饰小百科。

艺术创作圆君梦，

丰富精彩创饰技。

如果想获取更多关于珠宝首饰的知识与交流，请微信搜索“csj2022bgc”，关注公众号“创饰技白工厂”；豆瓣搜索关注“白大官人”；新浪微博搜索关注“白大官人的白工厂”，让我们在“创饰技宇宙”中相聚遨游！

谢白

壬寅年正月于沪上

授课教师扫码获取

本书教辅资源